과학 소녀,
추리를
시작합니다

2 범죄의
흔적 편

과학 소녀, 추리를 시작합니다
2 범죄의 흔적 편
SCIENCE X DETECTIVE
천웨이민 글 이광렬 감수
김진아 옮김 론론 그림
한국경제신문

과학이 재미있어지는
마법 같은 책

이광렬
고려대학교 화학과 교수

이 책은 여고생 탐정 '명설'이 뛰어난 관찰력과 화학 지식, 그리고 통섭적 사고를 바탕으로 복잡한 미스터리 범죄를 명쾌하게 해결해 나가는 과정을 보여줍니다. 탐정 명설과 함께 흥미진진한 사건을 추적하며 해결해 보세요. 책을 읽고 나면 지금까지 지루하게 느껴졌던 과학 수업 시간이 재미있어지는 마법 같은 일이 생길지도 몰라요.

과학 교과서에서 배운
지식이 유용해지는 책

서울과학교사모임

열다섯 가지 이야기, 200페이지가 넘는 이 과학 도서는 하루 만에 읽을 수 있을 정도로 재미있고 흥미진진합니다. 생활 속에서 충분히 경험하거나 상상할 수 있는 문제를 주인공 남매 명설과 명안의 과학적 추리를 통해 해결해 가는 과정이 무척 흥미롭지요. 특히, 추리 과정에서 다뤄지는 물리나 화학, 그리고 생명과학의 내용은 현행 2022 개정 교육 과정의 과학 교과서 내용과도 밀접하게 관련이 있습니다. 학생들은 이야기를 하나씩 읽는 동안 교과서에서 배운 지식이 실생활에 어떻게 적용되고 있는지 깨닫는 지식의 확장도 경험하게 됩니다. 재미와 유익을 모두 갖춘 이 책을 적극 추천합니다.

생활 속에서
그림자처럼 따라다니는 과학

루쥔량
이란현 위에밍 초등학교 자연 교사

탐정이나 추리라고 하면 수많은 명작이 떠오른다. 그런 작품의 주인공들은 세심한 관찰과 전문적인 사고를 하면서 종횡무진 하다가 마침내 완벽해 보이는 범죄 사건에서 단서를 찾고 사건 해결의 열쇠를 발견한다. 그렇게 누구나 다 아는 탐정이나 추리 명작들 외에, 오랫동안 과학 교육계에 몸담고 있는 천웨이민 선생님이 쓴 칼럼을 모아 만든《과학 소녀, 추리를 시작합니다》시리즈를 만나게 되어 기쁘다.

《과학 소녀, 추리를 시작합니다》는 비록 탐정과 추리를 기본 줄거리로 삼고 있지만 검은 옷을 입은 수상한 사람이나 화려한 폭파 장면, 밀실 살인 사건이나 황당무계한 내용은 등장하지 않는다. 마치 어디서 본 것만 같은 기시감이 들고 내 주변에서 일어날 법한 이야기만 가득할 뿐이다. 생물학, 지구과학, 물리학, 화학 교과서를 무료하게 읽으면서 속으로는 '시간을 허비하면서 이걸 읽어서 뭐 하지?' 싶을 때《과학 소녀, 추리를 시작합니다》는 재미를 주고 과학 공부의 동기를 되찾아 준다.

어려서부터 어른이 될 때까지 과학 지식은 줄곧 '외워서 점수를 따기 위한' 공부에 머물렀을 뿐 깊이 파고드는 영역이 아니었다. 어릴 때는 많은 학생들이 자연 과목을 가장 좋아한다. 하지만 학년이 올라갈수록 과학 과목은 점점 이빨을 드러내고 발톱을 흔드는 괴물로 변해서 학생들에게 가장 큰 악몽이 된다. 잡담을 나누다가도 과학 이야기가 나오면 금방 화제를 바꾸며, 이야기할수록 분위기가 썰렁해지지 않을까 걱정하는 대화의 마침표 왕이 되었다. 그렇지만 과학 지식은 물고기와 물의 관계와 같다. 한가롭게 물속에서 헤엄치는 물고기에게 물은 중요하지 않아 보이지만, 물고기는 물을 떠나서는 살지 못한다. 우리가 과학 공부를 회피할 수는 있지만, 과학은 결코 우리를 떠나지 않는다. 과학은 언제 어디서나 그림자처럼 우리를 따라다니면서 우리 삶의 매 순간에 영향을 미친다.

선생님이나 부모님은 외출 시 무언가를 먹게 되는 경우 각별히 조심하라고 말씀하신다. 특히 음료수는 함부로 마시지 말라고 신신당부한다. 낯선 사람이 건넨 정체불명의 가루를 탄 음료수를 마시고 돈도 잃고 몸도 해치는 경우를 피하기 위해서다. 금광당(대만에서 위조지폐나 가짜 금으로 사기행각을 벌인 사기꾼들로, 지금은 일종의 사기꾼에 대한 멸칭으로 확대됨—옮긴이)들은 피해자에게 다가가 숨 한번 들이켜면 곧바로 의식을 잃게 만드는 약물을 쓴 뒤 통장의 돈을 모두 훔쳐 달아났다. 일본의 제과회사 글리코의 독극물 협박 사건이나 대만 왕수(진한 염산과 진한 질산의 혼합물—옮긴이) 살인 사건 등도 있다. 이런 사건들은 진짜 뉴스든 가짜 뉴스든 우리가 다음 피해자가 될 수도 있다는 두려움을 주며, 모두 과학과 관련 있는 범죄라 할 수 있다.

《과학 소녀, 추리를 시작합니다》 시리즈는 총 2권으로 이루어져 있다. 다루는 분야도 광범위하다. 당뇨병과 아세톤, 보툴리누스 독소, 손톱 미즈선, 일산화탄소, 탈륨, 탄저균, 로히프놀, 닌하이드린, 아크릴산 섬유, 디기톡신, 프로포폴, 아코니틴, 그리고 최근에 큰 관심을 끌고 있는 3D 프린팅 등에 대한 이야기도 나온다. 이런 전문 용어들 중 일부는 생전 처음 보거나 교과서에 나오지도 않으며 화학 전공자가 아닌 사람은 쉽게 읽지도 못하는 것들이다. 그렇지만 이렇게 생소한 단어들이 인류에게 약이 되기도 하고 독이 되기도 하며, 사람을 구할 수도 있고 해를 끼칠 수도 있다. 마치 로얼드 호프만의 《같기도 하고 아니 같기도 하고》라는 책에서 언급한 것과 같다.

"오늘날의 문명이 이룩한 수많은 성과에서 화학의 공헌을 빼놓을 수는 없다. 반면 수많은 재난도 화학을 빼놓고 생각할 수는 없다. 화학은 칼의 양날과 같아서 적을 이길 수도 있고 악을 행할 수도 있다."

《과학 소녀, 추리를 시작합니다》는 수수께끼를 풀어가는 멋진 과정에서 해결의 실마리를 과학 문제와 연결 짓는다. 풍부한 과학 지식을 이용해 오리무중에 빠진 형사 사건을 마치 실을 뽑으며 누에고치를 벗기듯 풀어나가고, 생활 속에서 접할 수 있는 화학 물질에 대해서도 제대로 알려준다. 이러한 내용은 모두 훌륭하고 자세히 읽어볼 만하다.

관찰은 이론에 내포된 것이며, 호기심은 탐구의 원동력이다. 최근 몇 년간 대학수학능력시험의 자연 계열 문제는 갈수록 시사와 결부되고 있다. 이제 공부는 세상에서 일어나는 일들을 잘 알고 배운 것을 응용해서 생활 속 난제를 해결할 수 있어야 한다.

주인공 명설과 명안은 화학에 관심을 가지고 이를 일상생활에 활용하여 미스터리한 사건을 해결하고 주위 사람들을 돕는다. 그들은 과학에 대한 열정, 지식에 대한 탐구, 유연한 사고에 의지해 문제를 해결해 나간다. 이것이야말로 지식을 제대로 사용하는 가장 좋은 본보기일 것이다. 작가인 천웨이민 선생님은 주인공 남매를 통해 엑스터시, 산화 환원 지시약 등 사회 뉴스에서 흔히 볼 수 있는 사건들을 이야기 속에 녹여낸다. 생활과 밀착된 점 외에도 화학 분야의 신비로운 이야기를 실생활에서 생생히 엿볼 수 있고, 그래서 계속해서 읽고 싶게 만든다. 과학 교양서나 참고서와 견주어도 될 만큼 유용한 책이다.

사건 사고 속에 숨은 과학 원리를 찾아서

《과학 소녀, 추리를 시작합니다》 시리즈는 폐간된 대만 청소년 잡지 〈유사소년幼獅少年〉의 '다 함께 사건을 해결하자大家來破案' 코너의 글을 모아서 만든 책이다. 1976년에 창간된 〈유사소년〉은 역사가 오래되고 여러 차례 상을 받은 우수 간행물이지만, 지금은 거대한 출판 환경의 변화를 이기지 못하고 폐간되어 많은 사람의 안타까움을 샀다.

명탐정 소녀 명설은 타이베이현 청년 잡지 〈청년세기青年世紀〉에서 탄생했다. 후에 대만 신문 〈중국시보中國時報〉의 눈에 띄어 해당 신문 북부판에 경품 응모 코너로 실렸다. 독자들의 반응이 아주 좋아서, 매번 글이 실리는 날이면 신문사의 팩스 용지가 바닥나곤 했다. 신문사와 합작이 끝난 뒤에는 〈유사소년〉의 요청을 받아서 지면을 그곳으로 옮긴 후 계속 글을 실었다.

명설이 〈유사소년〉에 처음 등장한 것은 2003년 9월(323호)이었다. 코너 이름은 '과학 탐정왕科學偵探王'이었고(너무 오래되어서 코너 이름이 있었다는 것도 까먹었다), 제목은 '다 함께 사건을 처리하자大家來辦案'였다. 처음에는 매달 1편씩 실었고, 후에 일이 바빠서 잠시 연재를 멈춘 적도 있다. 나중에 다시 연재를 시작했을 때는 제목이 '다 함께 사건을 해결하자'로 바뀌었다. 그 후 몇 회는 그림으로 그렸으며, 다시 이야기 코너로 바뀐 뒤로는 원고를 쓸 시간을 많이 낼 수 없어서 격월로 실었는데 폐간될 때까지 계속 그렇게 진행했다.

그러는 동안 세월이 많이 흘러서 타이베이현은 신베이시로 승격되었고, 〈청년세기〉와 〈유사소년〉은 폐간되었는데(어이쿠, 둘 다 내가 문을 닫게 했군!) 오직 명설만 아직 고등학교에 다니고 있다. 잡지가 폐간되었으니 앞으로 더 이상 이 시리즈의 글은 쓰지 않을 생각이다. 그러니까 이번 책이 명설의 마지막 무대인 셈이다.

수십 년간 써온 이 글들을 처음에는 아주 쉽게 썼다. 손에 잡히는 대로 과학 원리 하나를 집어 들면 탐정 이야기 한 편을 뚝딱 써 내려갈 수 있었다. 하지만 한번 써먹은 소재는 중복해서 쓸 수 없고 내 능력도 부족해서 갈수록 글쓰기가 어렵고 복잡해졌다. 소재가 부족할 때는 사회 뉴스에서 글감을 얻었다. 어쨌거나 뉴스에는 사기, 강도, 유괴 등 범죄 사건이 늘 넘쳐났으니까 말이다. 전문 지식이 부족할 때는 책을 많이 읽었다. 이 글들을 쓰기 위해서 나는 정기적으로 국제 감식 과학 저널을 읽었다. 그것은 글쓰기의 소재가 되었을 뿐만 아니라 내 수업에도 큰 도움이 되었다.

이야기의 배경이 학교에 국한되는 것을 피하려고 여행도 자주 갔다. 책에 묘사된 풍물들은 모두 내가 일상 혹은 여행 중에 보고 들은 것들이다. 이제 와서 다시 읽어 보니 당시 사회 분위기나 글을 구상했을 때의 몸부림이 눈에 선하다.

과학 원리는 국경이 없다. 뉴턴의 운동 법칙은 영국, 이탈리아, 대만에서도 똑같이 적용된다. 물리화학 원리와 법칙은 우주나 다른 은하에도 똑같이 적용된다. 그렇지 않으면 우리는 핼리 혜성의 주기를 추산할 수 없고 태양에 어떤 원소가 있는지 알 수 없다. 하지만 풍경과 운치는 지역마다 다르다. 사하라 사막과 르웨탄 호수는 완전히 다른 풍경이고, 티베트인의 장례 풍속인 천장(시신을 조각내어 독수리에게 바침으로써 영혼을 하늘로 인도하는 장례 의식—옮긴이)은 대만에서 받아들여지기 어렵다.

이 책에 나오는 이야기 속 인물, 사건, 때와 장소, 물건은 완전히 토착적이다. 형사 사건 대부분은 대만에서 실제로 발생한 적이 있다. 발생 장소를 포함해 최대한 실제 상황과 비슷하게 쓰면서 이야기 전개에 맞게 조금 각색했다. 시간적으로는 지난 20여 년 동안 대만에서 끊임없이 일어난 크고 작은 사건들을 집어넣었는데, 타이중 꽃박람회, COVID-19 발병 등도 포함되어 있다. 명설도 우리와 마찬가지로 이곳에서 태어나서 이곳에서 자랐다.

어지러운 세상 속에 살면서 과학 원리를 읽고 쓰고 가르칠 때면 마음속으로 종종 평온함을 느낀다. 왜냐하면 과학적인 태도는 편파적이지 않고 증거를 따지기 때문이다. 의견이 다를 때면 실험을 통해 누가 옳은지 검증한다. 또한 수많은 과학 연구는 매우 섬세해서 사람들 표면의 베일을 벗기고 사건의 배후를 알아낼 수 있다.

예를 들어 《과학소녀, 추리를 시작합니다》 2권의 '수국이 가르쳐준 유괴범의 거처' 편에서는 농장 주인이 이런 말을 한다.

"이 수국들의 품종은 완전히 똑같아. 수국은 토양의 산도와 알칼리도에 따라 다른 색을 띨 수 있거든. 그래서 수국을 재배할 때, 일부러 각 구역의 흙에 서로 다른 첨가물을 뿌리지. 예를 들어 석회나 커피 찌꺼기나 달걀 껍데기 같은 것들을 뿌려. 그렇게 하면 토양의 산도와 알칼리도가 달라져서 그곳에서 피어나는 수국의 색깔도 달라진단다."

하지만 이것은 표면적인 원인일 뿐이었다. 만약 그 부분에 대한 과학적 이해가 깊지 않았다면 사건은 해결될 수 없었을 것이다. 명설 아빠는 수국 변색의 진짜 원인은 알루미늄에 있다고 지적했다. 토양의 산도와 알칼리도는 알루미늄의 용해도에 영향을 줄 수 있고, 그로 인해 수국 꽃잎의 안료인 안토시아닌과 알루미늄의 결합에도 영향을 준다는 것이다. 그래서 그들은 황산알루미늄 공장을 찾았고, 그곳에 갇혀 있던 인질을 찾아냈다. 수국의 변색 반응 구조를 밝히는 과학 추리는 아름다워 보일 정도다.

책에서 과학 지식을 적지 않게 소개했는데, 그것이 글을 쓰는 과정에서 큰 기쁨을 주었다. 부디 여러분도 이 두 권의 책을 읽으면서 나와 같은 기쁨을 느끼길 바란다.

천웨이민

아빠

고등학교 화학 선생님이다.
명설은 사건 해결 과정에서
화학 문제가 생기면
아빠에게 조언을 구한다.

엄마

은행원이다.
사건 해결에는 별 관심이 없고
오직 가족의 평안을 바란다.

명설

고등학생. 과학을 좋아하며,
학교 화학 동아리의 회장이다.
과학 지식을 이용해 경찰이 사건을
해결하는 데 늘 도움을 주며,
장래에 법의학자나
감식 전문가가 되고 싶어 한다.

명안

초등학생. 야구와 먹는 것을 좋아한다.
관찰력이 뛰어나며,
다양한 브랜드의 자동차에 대해 잘 안다.
항상 날카로운 관찰력으로
사건 해결의 실마리를
경찰에게 제공한다.

이웅

형사 반장. 체격이 좋으며,
명설 아빠와는 동창이다.
명설과 명안의 의견을 존중해 주며
그로 인해 사건을 해결한다.

위백

사립 탐정. 무술 고수.
때때로 보험 회사와 협력하여
보험금 사기 사건을
수사하고 해결한다.

지안

감식 전문가.
이웅과 협력하여 사건을 해결한다.
명설에게 감식 전문 지식을 알려주어
명설이 이를 참고할 수 있게 돕는다.
어떨 때는 명설에게
간단한 검사 업무도 맡긴다.

차례

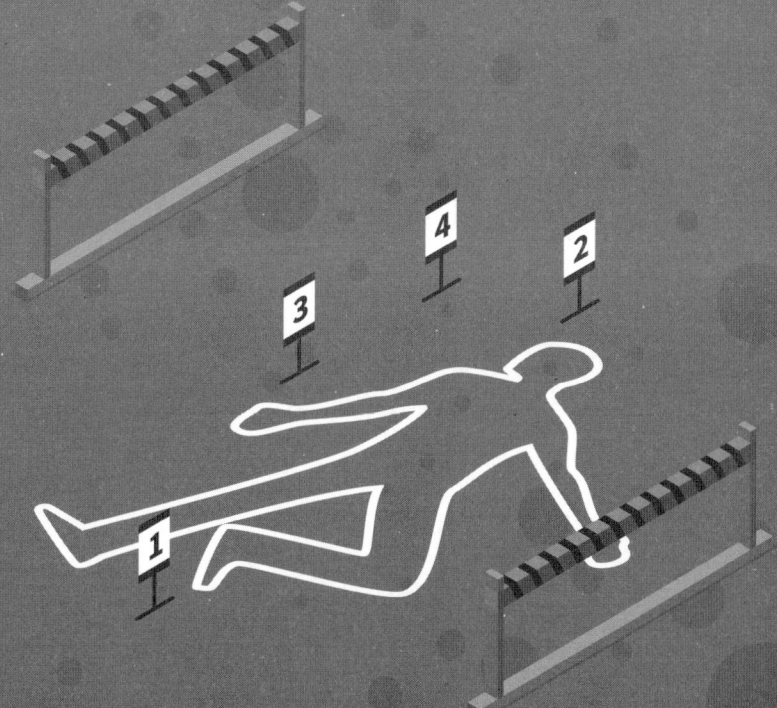

시체에서 발견된 구더기

퇴직 후 고향으로 돌아가 정착한 아빠의 옛 동료 진 선생님이 요 며칠 일부러 시간을 내어 아빠를 보러 왔다. 아빠는 매우 기뻐하며 함께 한 농장 식당에 가서 점심을 먹기로 했다.

그날 오전 11시, 아빠는 온 가족을 차에 태우고 진 선생님을 마중 나갔다. 그리고 그와 만나 식당으로 향했다.

예약한 식당은 농장에 있는 조그마한 나무집이었다. 모두 자리를 잡고 앉자, 식당 종업원이 모든 손님에게 차를 한 잔씩 따라준 다음 메뉴가 적힌 칠판을 들고 와서 설명을 해주었다. 명설은 엄마를 마주 보며 말했다.

"종이가 아닌 칠판에 적은 메뉴판이라니, 상당히 특별하네요."

칠판에는 다섯 가지 메인 요리가 적혀 있었다.

"저희 식당에서는 간단한 개인 코스 요리들을 제공하고 있습니다. 특별히 궁바오지딩(닭고기를 매운 고추, 땅콩과 함께 볶아 낸 대만식 요리—옮긴이)을 추천합니다. 오늘의 생선은 고등어이고요, 음료로는 차와 커피가 있습니다. 이 중에서는 커피를 추천합니다. 저희 농장에서 직접 재배한 커피콩을 갈아서 만들거든요."

종업원의 소개가 끝나자 각자 음식을 주문했다. 명안은 고등어 요리를, 진 선생님은 궁바오지딩을, 아빠는 닭다리 요리를 주문했다. 주문이 끝나고 식사를 기다리는 동안 사람들은 이야기를 나누었다. 아빠가 가족들에게 진 선생님 자랑을 늘어놓았다.

"진 선생님은 퇴직하기 전에 학교 최고의 생물 선생님이셨어. 생물에 관한 연구를 참 많이 하셨지. 그중에서도 아빠가 가장 인상 깊었던 건 이 친구가 개구리 울음소리만 듣고도 그게 어떤 개구리인지를 알아맞히는 거였어."

그러자 진 선생님이 웃으며 말했다.

"사실 그런 재주는 별로 돈이 안 돼. 퇴직하고 시골에서 살면서 과일을 좀 키우고 있는데, 내 생물학 지식의 도움을 받아 꽤 잘 키웠어. 원래는 이번에 내가 키운 망고를 좀 가져와서 맛보여주려던 참이었는데, 너무 무거워서 우편으로 보내기로 했어. 아마 하루 이틀 후에 도착할 거야."

맛있는 과일을 먹을 수 있다는 말에 명안은 무척 설렜다.

"진 선생님, 감사합니다."

얼마 후 주문한 음식이 나오기 시작했다. 제일 먼저 수박과 멜론이 한 조각씩 담긴 과일 한 접시가 나왔다. 그다음으로는 담백한 죽순탕이 나왔다. 뒤이어 메인 요리가 나왔다. 명안이 받은 접시에는 채소와 밥, 그리고 큼지막한 고등어 반 마리가 담겨 있었다. 명안은 신이 나서 고등어를 크게 한입 먹더니 갑자기 소리쳤다.

"윽, 짜다."

엄마가 젓가락으로 명안의 접시에 있던 고등어를 조금 집어 맛을 보더니 웃으면서 말했다.

"괜찮은걸! 소금에 절인 고등어는 원래 짜. 이 정도면 적당한 편이야. 어떤 건 엄청나게 짜거든."

"고등어를 꼭 이렇게 소금에 절여야 해요?"

명안이 이해가 되지 않아 고개를 갸우뚱하며 물었다.

"고등어는 부패하기 쉽고 비린내가 나기 때문에 대만이나 일본 사람들 대부분이 소금에 절인 고등어를 먹지. 소금 대신 향신료나 식초에 절이기도 해. 너희가 즐겨 먹는 생선 통조림은 토마토즙에 절인 고등어야."

엄마는 요리 고수답게 식재료에 대해 조리 있게 설명했다. 명안은 더 깊이 파고들었다.

"왜 부패하기 쉬운 음식을 절이는 거죠?"

"그건 내가 알아!"

명설이 엄마보다 먼저 대답했다.

"음식물이 부패하는 이유는 세균 때문이야. 만약 음식 위에 소금을 많이 뿌리면 일단 세균이 음식에서 떨어져 나가고, 세균 세포 안의 수분을 소금이 다 흡수해. 그러면 세균은 탈수 때문에 살 수 없게 되지. 그래서 소금에 절인 음식을 오래 보관할 수 있는 거야. 소금만 그런 기능이 있는 건 아니야. 설탕도 가능해. 그래서 설탕에 잰 음식은 냉장고에 넣지 않아도 상하지 않아."

명설 가족과 진 선생님은 대화를 나누며 유쾌한 시간을 보냈다.

식사가 끝나고 명설 일행은 연못가를 걸으며 기념사진도 몇 장 찍었다. 진 선생님은 저녁에 다른 약속이 있었다. 하지만 아직 시간이 많이 남았다고 생각한 아빠는 근처에 있는 명소로 산책하러 가자고 제안했다.

"여기서 항구가 가까우니까 거기로 바람 쐬러 가는 건 어때? 나중에 내가 저녁 모임이 있는 식당까지 데려다줄게."

진 선생님은 흔쾌히 동의했다.

"난 이곳에 공항만 있는 줄 알았어. 항구가 있는 줄은 몰랐는데, 한번 가보는 것도 좋겠군."

항구는 공항 옆에서 그리 멀지 않았다. 그날따라 관광객이 많지 않아 주차장에는 차가 두세 대밖에 없었다. 아빠가 가뿐하게 차를 주차하자, 명설 일행은 차에서 내린 뒤 항구 길을 따라 산책하며 바다 경치를 감상하고 이야기도 나누었다.

그런데 그때 어선 한 척이 입항하면서 해안가가 갑자기 소란스러워졌다. 아직 출항하지 않은 어민들이 그 어선으로 우르르 달려가 뭔가를 구경했다. 호기심이 발동한 명안이 구경꾼에게 무슨 일이 생겼냐고 물었다.

"저 배가 그물을 쳐서 고기를 잡다가 시신 한 구를 건져 올렸대. 이미 무전으로 신고는 했고, 지금 경찰이 와서 처리하길 기다리고 있단다."

명설과 명안 두 어린 탐정은 시신이 발견되었다는 말을 듣자마자 곧바로 군중들 사이를 헤집고 맨 앞으로 나가 보았다. 경찰이 아직 도착하지 않은 상태라 현장에는 통제선이 없었다. 그래서 담력이 큰 몇몇 구경꾼들은 가까이 가서 시신을 보기도 했고, 감히 용기가 나지 않는 사람은 손수건으로 입과 코를 가리고 멀찌감치 서서 구경했다. 사람들이 이러쿵저러쿵 수군댔다.

"아이고, 저것 봐. 얼핏 보니 외상이 없는 것 같아. 아마도 물에 빠져 익사한 모양이야!"

명설과 명안은 일단 아무 말도 하지 않고 처음부터 끝까지 시신을 자세히 관찰했다. 그러다가 명안은 죽은 사람이 입은 검정 바지의 주름 사이에 하얀 무언가가 있는 것을 발견하고는 그것을 가리키며 누나에게 알려주었다. 명설이 조용히 말했다.

"나도 봤어. 가만 보니 구더기 같아. 저길 봐, 바지뿐만 아니라 몸에도 있어."

"구더기? 그거 파리 애벌레 아냐? 어떤 종류의 파리일까?"

순간 명안은 진 선생님에게 물어보면 좋겠다는 생각이 들었다. 남매는 구경꾼들을 헤치고 나와 진 선생님을 찾아갔다. 진 선생님과 아빠는 멀찌감치 서 있었다. 아빠는 진 선생님에게 자기 아이들이 왜 시신을 전혀 두려워하지 않고 가까이 다가갔는지에 대해 해명하고 있었다.

"우리 애들이 탐정 일에 워낙 관심이 많아서 말이야…."

그때 명안이 진 선생님 앞으로 다가가 그의 손을 잡아당겼다.

"진 선생님, 죽은 사람 몸에 구더기 같은 작은 벌레가 있어요. 가서 봐주세요."

그러자 엄마가 급히 명안을 말렸다.

"명안, 사람들은 대부분 그런 광경을 보고 싶어 하지 않는단다. 선생님께 강요하면 안 돼."

진 선생님이 잠시 머뭇거리다가 결심한 듯 말했다.

"정말 내키지는 않지만, 죽은 사람의 몸에 구더기가 있다고 하니까 잠시 가봐야겠구나. 어쩌면 사건 해결에 도움이 될지도 모르니까 말이야."

명설이 불현듯 무언가가 떠오른 듯 눈을 반짝이며 말했다.

"아, 맞다! 미국 드라마 〈CSI 과학수사대〉에서 첫 번째 수사 반장이었던 길 그리섬도 곤충 전문가였어요! 그 사람도 현장에서 발견된 곤충을 보고 사건을 해결하곤 했어요."

진 선생님은 고개를 끄덕이고는 숨을 죽이고 시신에 다가가 검정 바지에 붙어 있는 구더기들을 자세히 살펴보았다. 진 선생님이 가까이 다가가자 배에 있던 어부가 진지하게 말했다.

"경찰이 함부로 만지지 말라고 주의를 주었어요!"

"만지지 않습니다. 그냥 보기만 하면 됩니다."

진 선생님은 10초 정도 진지하게 살펴본 후에 곧바로 물러나서는 명설과 명안에게 관찰 결과를 말해 주었다.

"구더기가 맞아. 청파리라고도 불리는 금파리의 유충이야. 금파리는 악취 나는 음식을 가장 좋아해. 악취가 난다는 것은 보통 한창 분해되고 있는 단백질이란 의미지. 그건 유충이 성장하기에 적합한 환경이라는 뜻이야. 그래서 암컷 금파리는 냄새나는 음식 위에 알을 낳는단다."

얼마 후 경찰차가 도착해 어선 부근을 봉쇄했고, 구경꾼들도 차츰 흩어졌다. 한동안 뭔가를 골똘히 생각하던 명안이 자신의 의문점을 말했다.

"그런데 좀 이상해요! 조금 전에 엄마가 고등어는 부패하기 쉬워서 항상 짠 소금에 절인다고 말했잖아요. 또 누나는 소금이 세균의 세포를 탈수시켜 살균할 수 있다고 했고요. 그런데 바닷물은 아주 짜고 구더기는 바다에서 살 수도 없는데, 어떻게 죽은 사람 몸에 구더기가 있을 수 있죠?"

명안의 말에 일리가 있었기에 다들 선뜻 대답하지 못했다. 잠시 후 명설이 진 선생님에게 금파리의 변태 과정에 관해 설명해 달라고 부탁했다.

"금파리가 낳은 알이 구더기가 되기까지 걸리는 시간은 당시 온도와 관계가 있어. 그래도 대략 8시간에서 하루 정도 시간이 걸리지. 구더기가 주로 하는 일은 먹는 거야. 많은 음식을 먹어야 충분한 에너지를 저장할 수 있거든. 구더기가 가장 좋아하는 음식은 쓰레기, 동물 사체, 그리고 배설물이야. 이 단계는 대략 6일에서 11일 정도야. 마지막 단계에 이르면, 구더기는 더 이상 음식을 먹지 않고 건조하고 어두운 곳으로 이동하여 번데기가 될 준비를 하지."

명안이 그 설명을 듣고 결론을 내렸다.

"그러면 저 사람은 익사했을 가능성이 없네요. 금파리의 알이 바닷물에서 부화하지 못하고 금방 죽어버렸을 테니까요. 저 사람은 분명 육지에서 죽었을 거예요. 그리고 며칠 동안 방치되어 몸에 구더기가 생긴 채로 바다에 버려진 거죠."

명설이 또 물었다.

"선생님이 보기에 금파리가 알을 낳고 저 단계의 구더기가 되기까지 대략 얼마나 걸릴 것 같아요?"

진 선생님이 쓴웃음을 지으며 말했다.

"솔직히 그 연구를 할 당시에 나는 일부러 돼지고기를 준비해 금파리에게 알을 낳게 한 후에 변태 과정을 관찰했었어. 내 판단대로라면 알을 낳고 저 단계의 구더기로 발달하기까지 약 7일에서 10일 정도 걸릴 거야."

남매는 잠시 토론한 끝에, 이것이 우연한 익사 사고가 아니라 살인 사건이라는 결론을 내렸다.

"그런데 우리에 대해 잘 모르는 이곳 경찰들이 우리 의견을 귀담아들어 줄까요?"

그러자 아빠가 남매에게 알려주었다.

"그럼 너희가 그렇게 판단한 이유를 이웅 아저씨에게 전화로 말하렴. 그런 다음 이웅 아저씨가 이곳 경찰들에게 너희 얘기를 하면 사건 해결에 도움이 될 것 같아."

명안은 조금도 망설이지 않고 형사반장인 이웅에게 전화를 걸어서 이 사건과 자신들이 관찰한 중요 증거, 그리고 추리한 내용을 모두 말했다. 그리고 마지막으로 이렇게 당부했다.

"이곳 경찰들에게 꼭 알려주세요. 사망자와 사망자 바지에 붙어 있는 구더기가 이번 사건 해결의 중요한 관건이라는 것을요."

그때 아빠가 얼른 차에 타라고 아이들을 재촉했다.

"이제 그만 가자. 진 선생님을 식당까지 태워줘야 해."

차 안에서 아빠는 진 선생님에게 사과했다.

"이거, 미안하게 됐네. 조금 전에 우리 아이들이 자네를 억지로 끌고 가서 그 불쾌한 광경을 보게 했으니 말이야."

진 선생님은 웃으면서 말했다.

"아니야. 유충 감정을 돕는 게 원래 내 취미라네. 그렇게 해서 사건이 해결된다면 좋은 일 아니겠어? 안 그래?"

차에서 내리기 전에 진 선생님이 말했다.

"어린 친구들, 다음번에 사건을 해결할 때도 궁금한 생물 지식이 있다면 언제든 내게 전화해서 물어봐. 내가 기꺼이 도와줄 테니까! 사실 하루 종일 시골에 틀어박혀 있으면 좀 따분하거든. 다들 안녕히 가세요!"

다음 날, 진 선생님이 보낸 망고가 명설 집으로 배달되었다. 맛있는 향기가 코를 찌르고 달콤한 맛에 과즙이 풍부한 망고였는데 양이 너무 많아서 한꺼번에 다 먹을 수가 없었다. 엄마는 하는 수 없이 남은 망고를 잘라 냉장고에 넣어서 아이스바처럼 얼렸다.

그다음 날, 항구의 익사 추정 사건과 관련해 경찰이 사건을 해결하고 범인을 검거했다는 뉴스가 보도되었다. 사망자는 원래 폭력조직원인데, 조직의 형님을 화나게 했다가 살해당했다. 범인은 범행을 저지르고 나서 당황한 나머지 시체를 그냥 방치했다가 8일이 지난 뒤에야 한밤중에 해변에 몰래 버렸다고 했다.

"음, 8일이라고? 7일에서 10일 사이에 버려진 것이 확실하군. 역시 진 선생님 말이 맞았어."

명안이 감탄했다. 아빠가 그런 명안을 보며 말했다.

"진 선생님께 전화를 걸어서 이 사실을 알려드리렴. 그리고 망고를 보내줘서 고맙고 정말 맛있게 먹었다는 말도 전하는 게 좋겠다."

명안이 웃으면서 말했다.

"네, 그럴게요. 만약 내년에도 망고 농사가 잘되면 우리에게 한 상자 더 보내달라고 해야지."

사건 너머의 과학

금파리 알은 보통 노란색이나 흰색이며, 크기는 약 1.5mm×0.4mm 정도다. 한 무더기로 쌓여 있는 금파리의 알들은 마치 주먹밥처럼 보인다. 암컷 금파리는 매번 150~200개의 알을 낳으며, 여러 번 번식해 평생 약 2,000개의 알을 낳을 수 있다. 알에서 유충(일반적으로 구더기라 함)으로 부화하는 데는 약 8시간에서 하루가 걸린다.

유충의 성장은 세 단계로 나뉘며 단계마다 한 번씩 탈바꿈한다. 유충의 숨구멍氣孔을 검사하면 어느 단계까지 발달했는지 알 수 있다. 유충 3단계가 완성되면 그들은 썩은 고기를 떠나 땅속으로 들어가 번데기가 된다. 그리고 다시 7~14일이 지나면 번데기가 성충이 된 것을 볼 수 있다. 그들의 성장과 발육 속도는 온도와 종류에 따라 다르다. 약 20도 실온에서 검은색 금파리가 알에서 번데기가 되기까지는 약 6일에서 11일이 걸린다.

죽은 지 오래된 시체의 경우에는 시체에 생긴 곤충이 사망 시간을 추정하는 핵심 단서가 된다. 그중에서도 파리류는 악취 나는 음식을 좋아하기 때문에 시체를 발견하는 속도가 매우 빠르다. 또한 당시의 환경과 조건(온도, 습도 등), 그리고 알에서 구더기로, 다시 번데기와 성충으로의 발육하는 각 단계에서 필요한 시간만 파악할 수 있다면, 파리가 사체에서 어느 단계까지 성장했는지를 보고 거꾸로 추론해서 사망 시간을 계산할 수 있다.

지폐만 남긴 채
사라진 여직원

오늘 명설의 동아리에서는 단백질 검사 실험을 진행했다. 선생님은 사전에 동아리 회장인 명설에게 날달걀을 가져오라고 했다.

실험이 시작되자, 명설은 달걀 껍데기를 깨뜨려 투명한 흰자를 비커에 담았다. 그리고 많은 양의 물을 넣고 유리 막대기로 잘 저어 시험 용액을 만들었다. 그 정도면 동아리 학생들이 모두 실험할 수 있을 만큼 충분한 분량이었다.

선생님은 교탁 위에 투명한 무색 약품을 한 컵 꺼내놓았다. 컵에는 '닌히드린'이라는 라벨이 붙어 있었다. 명설이 호기심에 물었다.

"닌히드린이 뭐예요?"

선생님이 칠판에 분자 구조도를 하나 그렸다.

"닌히드린의 분자 구조는 이렇게 돼. 어떤 사람들은 이것을 트리온이라고도 불러. 닌히드린 구조가 수화(용질 분자나 이온이 물 분자와 상호 작용을 하여 용액 속에서 안정화되는 것─옮긴이)된 인단-1,2,3-트리온으로 간주될 수 있기 때문이야."

명설은 설명을 들을수록 더 이해되지 않았다. 명설의 표정을 본 선생님은 손을 내저었다.

"…관두자. 아무튼 대부분의 사람들은 이걸 닌히드린이라고 불러. 닌히드린은 암모니아, 혹은 1차 아민, 2차 아민과 반응하여 보라색 물질을 생성해. 단백질은 아미노산으로 구성되어 있기 때문에 그 생성 반응을 이용해 단백질 검사를 하려는 거야."

학생들은 선생님의 지시에 따라 시험 용액을 1~2밀리리터씩 시험관에 넣었다. 그런 뒤에 닌히드린 5~10방울을 넣고 유리 막대기로 잘 저은 후, 시험관을 뜨거운 물이 반쯤 담긴 비커에 넣었다. 비커에 담긴 물이 끓기 시작한 뒤로 3~4분간 더 가열하자, 시험관 안의 물질이 점점 보라색으로 변했다. 학생들은 기뻐서 환호했다.

"실험 성공!"

실험 기자재들을 정리한 후에 선생님은 실험과 관련된 원리를 보충 설명해 주었다. 선생님은 칠판에 화학 반응식을 써 내려갔다. 설명을 듣고 있던 학생들은 식이 너무 어려워서 머리가 어질어질했다. 학생들은 매번 직접 실험하는 것에는 관심이 많았다가 화학 반응식만 나오면 흥미가 뚝 떨어졌다.

선생님이 계속해서 말했다.

"닌하드린은 지문을 검출할 때 가장 많이 쓰여."

조금 졸려 하던 명설은 탐정 일과 관련된 이야기가 나오자 정신이 번쩍 들었다.

"선생님, 단백질을 검사하는 닌히드린으로 어떻게 지문을 검출할 수 있나요?"

"지문에는 우리 몸에서 분비되는 단백질과 펩타이드가 있기 때문이야. 그중 아미노산 말단의 아미노기가 닌히드린과 반응해서 보라색을 띤단다."

명설은 선생님 말씀을 노트에 열심히 적었다. 언젠가는 이 실험에서 배운 내용을 사건 현장에서 활용할 수 있다는 걸 알기 때문이다.

수업을 마치고 집에 오자, 엄마가 이미 저녁을 차려놓고 온 가족을 기다리고 있었다. 오늘의 주 메뉴는 엄마가 구운 스테이크였다. 가족들은 맛있는 음식을 먹으면서 두런두런 이야기를 나누었고, 토요일에는 대형 마트에 가서 쇼핑을 하기로 했다.

토요일 아침, 아빠는 가족을 태우고 차를 몰아 마트로 향했다. 차가 마트 주차장 안으로 들어가려는데, 경찰이 진입로를 막고 들어가지 못하게 했다.

"마트 안에서 형사 사건이 발생해서 경찰 감식 요원들이 증거를 수집하고 있습니다. 오늘은 영업을 하지 않으니 차를 빼주세요."

엄마가 아빠에게 말했다.

"그럼 가까운 다른 매장으로 가는 게 좋겠어요."

명설과 명안은 서로 마주 보더니 엄마 아빠에게 이렇게 말했다.

"감식 요원들이 증거를 찾고 있다면 지안 감식관님이 거기 있을 거예요. 우리가 가서 도와드리고 싶어요."

남매는 곧바로 문을 열고 차에서 내렸다. 엄마가 아이들에게 점심은 알아서 사 먹으라고 말하자, 아빠는 차를 몰아 그곳을 떠났다.

명설은 자기 이름을 적은 쪽지를 현장에 있던 경찰에게 건네며 말했다.

"실례지만 감식과의 지안 경관님이 안에 계시나요? 계신다면 이 쪽지를 전해주시겠어요?"

얼마 후 지안이 나타났다. 그녀는 입구에 있는 경찰관에게 남매를 주차장 안으로 들어오게 해달라고 부탁했다. 명설이 지안에게 말했다.

"감식관님, 사건 경위를 말씀해 주세요. 저희가 돕고 싶어요."

"이 마트에서 일하는 여직원이 있는데, 이름은 장아용이고 회계원이야. 원래는 오늘 일찍 출근해서 철문을 열 차례였대. 제일 먼저 매장에 도착했어야 했다는 뜻이지. 그런데 다른 직원들이 영업시간 30분 전에 와서 일할 준비를 하려는데 철문이 아직도 열리지 않았다는 걸 알게 된 거야. 하지만 장아용의 차는 주차장에 있었어. 차 유리는 내려져 있고 사람은 차 안에 없었지. 마트 점장이 그녀의 집으로 전화를 걸어봤는데, 가족들은 그녀가 매장 개장 시간보다 한 시간 일찍 출발했다고 말했어. 그래서 현재 우리는 그녀가 차를 몰고 주차장에 도착한 후에 누군가로부터 공격을 받고 실종된 것으로 추정하고 주차장을 수색하고 있어."

명안이 물었다.

"진전이 좀 있나요?"

지안이 고개를 내저었다.

"아니, 현재 이웅 반장이 주차장 CCTV를 돌려보고 있어."

"그럼 우리 먼저 거기로 가 볼게요."

명설과 명안은 이웅의 위치를 정확히 물어본 뒤, 그가 있는 경비실로 찾아갔다.

이웅은 경비실 TV 모니터 앞에 앉아서 CCTV 녹화 화면을 들여다보고 있었다. 명설이 먼저 인사를 건넸다.

"이웅 아저씨, 뭘 좀 찾았어요?"

화면을 뚫어지게 보고 있던 이웅은 눈을 찡그리며 괴로워하더니 아이들을 바라보며 말했다.

"매장 경비원은 영업시간에 맞춰 출근했어. 바꿔 말하면 사건 당시에는 경비원이 없었고 CCTV만 녹화되고 있었다는 얘기지. CCTV를 통해서 사건 당시 상황을 볼 수 있었는데, 확실히 장아용은 납치된 것 같아. 범행을 저지른 사람은 한 명이고 말이야. 하지만 그것 외에는 알아낸 게 거의 없어."

명설은 사건 당시 상황이 모두 녹화되었는데도 알아낸 것이 별로 없다는 말에 조금 곤혹스러웠다. 그래서 CCTV를 한 번 더 돌려보자고 이웅에게 요청했다.

CCTV 화면에는 8시 30분에 어떤 남자가 털모자와 마스크를 쓰고 주차장으로 들어오는 장면이 보였다. 얼굴이 모자와 마스크로 모두 가려져 있었기 때문에 그의 모습을 정확히 알아볼 수는 없었다. 얼마 후 그는 주차장 기둥 뒤쪽의 어두운 구석으로 사라져 그림자도 보이지 않았다. 그리고 9시가 되어 장아용의 차가 홀로 주차장에 들어오는 것이 보였다. 차가 멈추자, 숨어 있던 남자가 기둥 뒤에서 걸어 나오더니 차 왼쪽으로 갔다. 그리고 자동차 유리를 손으로 두드리며 뭐라고 묻는 것처럼 보였다. 장아용이 유리창을 내리고 그의 말에 대답하려는 순간, 갑자기 그 남자가 손을 뻗어 그녀를 붙잡았다. 장아용은 필사적으로 저항했지만 소용이 없었다. 그녀는 순식간에 차 밖으로 끌려나왔다. 남자는 오른손으로 그녀의 목을 단단히 끌어안고 그녀를 데리고 갔다. 자리를 떠나기 전에 남자는 왼쪽 소매로 유리창을 쓱 닦기도 했다.

명설은 여기까지 보고는 한숨을 내쉬었다.

"휴, 범인이 유리창에 남아 있는 지문을 지웠군요. 그래서 감식 인원들이 유용한 증거를 수집하지 못했겠네요."

이어진 영상에는 범인이 장아용의 목을 팔로 끌어안고 주차장을 빠져나와 화면 밖으로 사라지는 모습이 녹화되어 있었다. 이웅이 말했다.

"마트 부근은 공터라서 길가에 감시 카메라가 설치되어 있지 않아. 그래서 우리는 범인의 도주 경로를 파악할 수 없었어. 하지만 상식적으로 어떤 사람이 누군가의 목을 끌어안고 간다면 사람들의 주의를 끌 수밖에 없잖아. 그래서 이 부근을 탐문 조사해 봤는데 그들을 본 사람이 아무도 없었어. 추측건대 범인은 근처에 차를 숨겨놓고 피해자를 주차장에서 데리고 나온 뒤에 곧바로 그 차에 태워 도주했을 것 같아. 어쩌면 다른 공범이 도와줬을지도 모르고."

명안은 누나에게 나지막이 말했다.

"만약 또 다른 공범이 있었다면 주차장에 들어가 피해자를 제압할 때 분명 도와줬을 거야."

이웅은 근심스러운 표정으로 말했다.

"범인의 납치 수법이 매우 능숙해. 어쩌면 상습범일 수도 있어. 피해자를 빨리 구하지 않으면 십중팔구는 좋지 않은 일이 벌어질 거야."

이웅의 말에 명설도 절대적으로 동의했다. 피해자의 안전을 생각하니 마음이 조마조마했다. 이때 명안이 이웅에게 녹화된 화면을 다시 보여 달라고 했다. 이웅은 똑같은 화면을 돌려보는 것이 지겨워서 마트 경비원에게 영상을 틀어주라고 부탁한 뒤, 자신은 점장에게 이것저것 물어보기 위해서 그 자리를 떠났다.

"누나, 나랑 다시 한번 보자."

참을성 있게 영상을 몇 번이나 반복해서 돌려보던 명안은 뭔가 발견한 듯했다. 명안은 경비원에게 범인이 장아용과 실랑이하는 모습을 한 컷 한 컷 끊어서 볼 수 있게 해달라고 부탁했다.

"이것 좀 봐. 범인이 피해자를 붙잡으려고 할 때 피해자가 범인에게 돈뭉치를 주려고 했어. 마치 범인에게 돈을 주면서 자신은 놓아달라고 사정하는 것처럼 말이야. 그런데 범인은 그걸 손으로 뿌리치고 있어. 확실히 범인의 목적은 여자를 납치하려는 것이지, 돈을 원하는 게 아니야!"

명설도 그 사실에 주목했다.

"그렇다면 악당의 지문이 지폐에 남아 있을지도 몰라. 지안 감식관님한테 차 안을 다시 조사해서 지폐가 남아 있는지 확인해 달라고 해야겠어."

그때 명안이 잠시 고민했다. 감식과에서 실험을 지켜보는 것보다 시식 코너의 음식들이 명안을 더 유혹하고 있었기 때문이다.

"난 실험하는 건 안 볼래. 대신 엄마 아빠가 간 마트로 가볼 거야. 늦지 않게 도착하면 점심을 함께 먹을 수 있을지도 몰라."

명안은 그렇게 말하고는 먼저 그곳을 떠났다.

명설은 지안을 찾아가 명안이 발견한 것을 말해주었다. 두 사람은 서둘러 피해 차량으로 이동했다. 그러고는 피해자의 차량을 꼼꼼히 살펴보았다. 과연 조수석 밑에 지폐 몇 장이 떨어져 있었다.

"CCTV 영상에서 범인이 뿌리쳤던 돈이 이건가 보네."

지안은 장갑을 끼고 그 지폐들을 집어 들었다.

"사람을 구하는 게 급하니 시간을 지체하면 안 돼. 마트 사무실을 빌려서 얼른 검사해 봐야겠어! 너도 좀 도와줘."

명설은 감식 기술을 배울 수 있는 모처럼의 좋은 기회라 생각하고 즉시 그녀를 따라갔다.

지안은 증거물과 공구함을 들고 마트 사무실로 들어가 직원들에게 빈 책상을 작업대로 쓸 수 있게 비워달라고 했다. 또한 헌 신문지들과 휴지 몇 장, 그리고 스팀다리미 하나를 가져와 달라고 부탁했다. 점장이 경찰 수사에 적극 협조하라고 당부했기 때문에 직원들은 지안이 부탁한 물건들을 얼른 마련해 주었다.

명설은 지안의 지휘 아래, 제일 먼저 헌 신문지를 빈 책상 위에 펼쳤다. 지안이 설명했다.

"이건 닌히드린에 오염되지 않도록 책상을 보호하려는 조치야."

"닌히드린? 학교에서 닌히드린 실험을 해본 적이 있어요."

며칠 전에 똑같은 실험을 해서 기억이 생생했던 명설이 흥분해서 말했다.

"좋아. 너에게 도와달라고 부탁하길 잘했구나. 종이처럼 구멍이 나기 쉬운 소재에서 지문을 검출할 때는 닌히드린을 쓰는 게 가장 적합해."

지안은 그렇게 말하면서 공구함에서 스프레이 병 하나를 꺼냈다. 안에는 무색 액체가 조금 들어 있었다. 이어서 명설은 지안의 지시에 따라 지폐를 책상 위에 반듯이 놓았다.

"이 지폐 중에는 만 원짜리도 있고 5만 원짜리도 있어. 5만 원짜리 지폐의 앞 면과 만 원짜리 지폐의 앞 면부터 시작하자!"

지안은 스프레이 병에 든 액체를 지폐에 분사하면서 이렇게 설명했다.

"너무 많이 뿌릴 필요는 없어. 골고루 뿌리기만 하면 돼."

분사가 끝난 후에 지안이 말했다.

"이제 3~4분 정도 기다려야 해."

명설은 실험실에서 했던 방법과 비슷하다고 생각하다가 갑자기 의문점이 생겼다.

"그럼 이제 이걸 끓는 물에 담가야 하나요?"

"끓는 물에 담근다고?"

지안은 명설의 질문을 이해하지 못하고 되물었다. 그래서 명설은 학교에서 했던 실험 과정을 지안에게 말해주었다.

"그날 우리는 시험관을 끓는 물에 담가 가열했어요. 그러자 반응이 일어나더라고요. 하지만 이런 지폐는 끓는 물에 담그면 망가지지 않나요?"

지안은 자신도 모르게 실소를 터뜨렸다.

"지폐가 망가지는 일은 없겠지만, 그렇다고 이런 중요한 증거물을 함부로 다루면 당연히 안 되겠지? 걱정 말고 내 지시대로 하면 돼."

지안은 명설에게 지폐 아래쪽에 휴지를 두 장 깔고 위쪽에도 휴지를 두 장 덮으라고 시켰다. 그런 다음 가장 낮은 온도로 켠 스팀다리미로 지폐를 덮어놓은 휴지 위쪽을 눌렀다. 그러면서 중간 중간 휴지를 들춰보며 지폐 상태를 살폈다. 얼마 지나지 않아 명설은 지폐에 보랏빛 지문이 드러나는 것을 발견하고는 지안에게 알려주었다. 지안은 자신의 디지털카메라로 그 지문들을 모두 촬영한 뒤, 컴퓨터에 입력하여 데이터베이스와 대조해 보았다.

몇 분 뒤, 지안은 고개를 내저으며 말했다.

"모두 다 장아용의 지문이야. 방금 그녀 책상에서 채취한 것과 똑같아."

명설은 실망하지 않고 말했다.

"상관없어요. 아직 지폐가 더 있으니까요! 사람 얼굴이 그려진 면이 끝나면 뒷면도 조사해요. 전 반드시 범인의 지문을 찾을 수 있을 거라 믿어요."

명설과 지안은 일을 분담해서 지폐들을 한 장 한 장 조사해 지문을 모두 검출해 냈고 사진을 찍어 일일이 데이터와 비교했다.

30분이 지났을 때, 마침내 지안이 놀라 소리쳤다.

"찾았다!"

컴퓨터 화면에는 피부가 까무잡잡한 남자 사진이 하나 떴다. 그 남자는 눈이 약간 외사시인 듯 보였고 눈빛이 상당히 매서웠

다. 지안은 그 남자의 정보를 읽어 내려갔다.

"류이정, 남성, 28세, 전과 다수. 세상에! 이 사람 9일 전에 출옥했는데 또 이렇게 큰 범죄를 저질렀어. 음, 여기 이 사람 주소가 나와 있어. 위치가 산간 지역이야. 피해자가 그쪽으로 끌려갔을 수도 있겠구나."

지안은 즉시 용의자 정보를 이웅 반장에게 전달하면서 서둘러 그 사람의 주소지로 가서 피해자를 구출했다.

명설은 자신이 도울 수 있는 일이 끝났다고 생각하고 그곳을 떠나려고 했다. 증거 수집이 끝나자, 주차장 봉쇄가 풀리고 마트는 정상 영업을 시작했다. 지안은 명설에게 매장에 가서 함께 밥을 먹자고 했다. 명설은 흔쾌히 동의했다.

두 사람은 매장에서 간단히 식사를 했다. 그때 이웅이 전화로 좋은 소식을 전해왔다. 지안이 알려준 주소지에서 장아용을 구하고 류이정을 체포했다는 소식이었다. 지안과 명설은 기뻐서 콜라를 담은 종이컵으로 건배를 하며 구조 작전 성공을 함께 자축했다.

명설이 콜라를 단숨에 비우고는 신이 나서 말했다.

"동생한테 빨리 알려줘야겠어요. 동생이 세심하게 살펴본 덕분에 범인의 손이 지폐에 닿았을 수도 있다는 사실을 알게 되었고 그게 사건 해결의 열쇠가 되었으니까요."

사건 너머의 과학

닌히드린^{ninhydrin}은 암모니아 및 1차, 2차 아민의 약제를 검사하는 데 사용할 수 있다. 암모니아는 NH_3 분자로, 질소 원자 하나에 수소 원자 세 개가 연결되어 있다. 만약 수소 중 하나가 탄소로 대체되면 1차 아민이라 부르고, 두 개가 탄소로 대체되면 2차 아민이라고 한다.

단백질은 아미노산으로 이루어져 있어서 매우 많은 아미노기가 있는데, 닌히드린은 그런 아미노산과 반응하여 보라색 물질을 만들어낸다. 손바닥에서 나는 땀에도 아미노산이 들어 있다. 이 점을 활용하면 물건에 남겨진 지문을 검출할 수 있다. 닌히드린은 종이, 수표, 지폐에 묻은 지문을 검사하는 데 가장 적합하다.

닌히드린   아미노산   **복잡한 반응을 거쳐**   **보라색**

세 번째 사건

입체 모형으로 찾은 범인

　오늘은 일요일, 아침에 일어나 한가롭게 밥을 먹으면서 신문을 넘기던 명안이 갑자기 "와!" 하고 탄성을 질렀다.

　"왜 그래?"

　명설이 호기심에 물었다. 명안은 누나에게 신문을 보여주며 말했다.

　"이것 봐, 이 물고기 진짜 커!"

　신문에는 널빤지에 괴상하게 생긴 푸른색 물고기가 누워 있고 그 옆에 슬리퍼 하나가 놓여 있는 사진이 실려 있었다. 기사 제목은 '멸종위기에 처한 루다오의 큰양놀래기, 안타까운 포획 소문'이었다.

대만에서 '용암돔'이라고도 불리는 큰양놀래기는 멸종 위기에 처한 보호종인데, 한 민박집 주인이 죽은 큰양놀래기 사진을 인터넷 게시판에 올려 한바탕 소동이 벌어진 모양이었다.

아빠가 아이들의 대화를 듣고는 그 자리에서 휴대전화로 정보를 검색해 보았다.

"원래 루다오에는 큰양놀래기가 겨우 일곱 마리뿐이었다는구나. 아주 귀한 물고기네!"

명설이 놀랐다.

"그럼 이제 여섯 마리밖에 안 남은 거예요?"

"그러게. 민박집 주인이 너무했네. 어쩐지 네티즌들이 엄청나게 비난하더라니. 경찰도 이미 조사에 착수했대."

명안은 계속 기사 내용을 읽어 내려갔다.

"민박집 주인은 그 사진이 6~7년 전에 찍은 오래된 사진이라고 항변했다. 하지만 네티즌들은 사진 속 슬리퍼가 2025년형 모델이므로 6~7년 전에 찍었을 리 없다고 지적했다."

명안은 갑자기 기사를 읽다 말고 질문을 던졌다.

"응? 그런데 그 사람은 물고기 사진을 찍으면서 왜 슬리퍼를 옆에 놔뒀을까?"

그러자 아빠가 웃으면서 말했다.

"책꽂이에서 《지질학》이란 책을 가져오렴."

명안은 물고기에 관해서 이야기하던 도중에 갑자기 지질학 책을 가져오라는 아빠를 이해할 수 없었지만, 일단은 책꽂이에서 그 책을 금방 찾아왔다.

"책 앞부분에 실린 컬러 사진들을 보렴."

아빠의 말에 명안이 책을 펼치자 한 무더기의 암석 부스러기 옆에 십자형 곡괭이가 놓여 있는 사진이 제일 먼저 눈에 들어왔다. 그다음에는 흙 단면 옆에 볼펜이 놓여 있는 사진, 이어서 점토 더미 옆에 열쇠 꾸러미가 놓여 있는 사진도 있었다. 명안은 그제야 아빠가 왜 그 책을 가지고 오게 했는지 알 것 같았다.

"이 사진들은 전부 다른 대상을 찍었지만, 모두 큰양놀래기 사진처럼 옆에 엉뚱하고 작은 물건들이 놓여 있네요. 이유가 뭐죠?"

명설은 지구과학 수업을 들었기 때문에 그 답을 알고 있었다.

"만약 사진에 물고기만 찍혀 있었다면 그 물고기가 얼마나 큰지 네가 어떻게 알겠니? 슬리퍼랑 같이 찍으면 얼마나 큰 물고기인지 알 수 있기 때문에 그렇게 찍는 거야."

명안은 다시 한 번 사진을 자세히 들여다보며 손가락으로 길이를 가늠해 보았다.

"물고기가 슬리퍼보다 세 배는 더 길어! 정말 큰 물고기야!"

아빠가 고개를 끄덕이며 말했다.

"책은 다시 책꽂이에 갖다 놓으렴. 아빠는 슈퍼마켓에 와인이랑 맥주를 사러 가야겠다."

"저도 같이 가요."

명안은 아빠에게 과일과 간식을 사달라고 조를 생각이었다. 아빠는 명안의 속셈을 뻔히 알고 있었지만 흔쾌히 승낙했다.

"좋아, 같이 가자."

휴일 아침이라 슈퍼마켓에는 손님이 아무도 없었다. 근무 중인 점원은 머리를 금발로 염색한 젊은이였는데, 어젯밤부터 근무하느라 잠을 못 잤는지 얼굴이 핼쑥했다.

술을 좋아하는 아빠는 칠레산 와인 한 병을 고른 후, 맥주 판매대로 가서 6개짜리 맥주 한 묶음을 들고 왔다. 명안도 바나나 한 송이와 과자 한 봉지를 골라 카트에 담았다.

두 사람이 계산하려고 계산대로 걸어가던 그때, 갑자기 마스크에 노란 야구 모자를 쓴 남자가 빠른 걸음으로 슈퍼마켓 안으로 들어왔다. 그 남자는 흰색 줄무늬가 있는 푸른색 운동복 점퍼와 긴 바지를 입었고, 검은색 큰 배낭을 메고 있었으며, 손에는 장갑을 끼고 있었다. 그는 슈퍼마켓에 들어서자마자 외투 안에서 과일칼을 꺼내더니 계산대에 있던 점원에게 냅다 소리쳤다.

"꼼짝 마!"

아빠와 명안은 순간 멍해졌고 잠시 동안 어떻게 해야 할지 몰랐다. 강도는 몸을 돌려 아빠와 명안에게도 소리쳤다.

"거기 두 사람도 다가오지 마."

그런 후에 그는 계산대로 뛰어들어 금고를 열고는 지폐를 한 움큼 집어 주머니에 쑤셔 넣었다. 강도는 그곳을 떠나기 전에 점원에게 칼을 휘두르며 쫓아오지 말라고 소리치더니 뒤돌아서 밖으로 뛰쳐나갔다.

그제야 명안은 꿈에서 깬 듯 정신을 차리고 휴대전화로 경찰에 신고했다. 아빠는 문 앞까지 강도를 쫓아갔지만, 이미 그는 오토바이를 타고 그곳을 떠나는 중이었고 번호판조차 알아볼 수가 없었다. 길가에는 갈색 상의를 입고 슬리퍼를 신은 남자 하나가 느릿느릿 지나가고 있을 뿐이었다.

몇 분 뒤, 형사반장 이웅이 경찰 몇 명을 데리고 슈퍼마켓에 도착했다. 뒤이어 감식 전문가인 지안도 왔다. 하지만 강도가 장갑을 끼고 있었기에 증거로 수집할 만한 지문이 하나도 없었다.

유일한 증거는 슈퍼마켓에 설치되어 있던 감시 카메라였다. 이웅은 당시 상황이 녹화된 영상을 여러 번 반복해서 돌려보더니 한숨을 내쉬었다.

"매장에 총 4대의 감시 카메라가 설치되어 있어서 당시 상황이 다각도로 녹화되어 있긴 한데, 범인이 마스크와 야구 모자를 쓰고 있어서 얼굴을 알아볼 수 없어. 게다가 4대의 카메라로 찍은 화면이 좁은 한 화면에 분할되어 나와. 그러면 매장 전체를 감시하기에는 편하겠지만, 영상이 4분의 1로 조그맣게 보이니까 해상도가 너무 떨어져."

지안도 화면을 보더니 이웅 말에 동의했다.

"확실히 강도의 얼굴을 알아볼 수 없군요. 하지만 형사 사건의 증거물이니 일단은 복사해서 가져가야겠어요."

뒤이어 경찰은 점원과 명안 부자의 증언도 녹음했다. 하지만 그들이 진술할 수 있는 내용은 감시 카메라에 찍힌 것보다 그리 많지 않았다.

일주일 후, 다시 일요일이 돌아왔다. 명안은 아침 일찍 이웅에게 전화를 걸어 슈퍼마켓 강도 사건의 수사에 진전이 있는지 물었다.

"휴, 그 사건의 유일한 증거라고는 강도의 얼굴조차 알아볼 수 없을 정도로 형편없는 감시 카메라 영상뿐이야. 그래서 수사는 교착 상태에 빠졌고 아무런 진전이 없어."

명안은 그 말을 듣고도 체념하지 않았다. 그는 슈퍼마켓을 다시 찾아가서 금발 점원에게 혹시 더 생각나는 단서가 없는지 물었다. 하지만 점원은 오히려 아무렇지도 않은 듯한 말투로 대답했다.

"어쨌든 그날 계산기 안에는 돈이 별로 없었고 다친 사람도 없잖아. 슈퍼마켓 측에서도 그냥 재수가 없다고 생각하고 더 이상 그 일을 추궁하지 않았어."

집으로 돌아온 명안은 누나에게 그 사건에 대해 말했다.

"여태까지 우리 손을 거쳐 간 사건 중에 해결하지 못한 건 없었는데, 이번 사건은 내가 직접 목격했는데도 해결할 수 없으니까 정말 맥이 빠져!"

"해결할 수 없는 사건도 있는 거야. 게다가 그 사건은 아직 완전히 가망이 없는 것도 아니잖아. 사건 경위를 다시 한번 설명해 줘. 추적할 만한 단서가 있는지 볼게."

명안은 강도의 인상착의를 포함해서 사건 과정 전체를 누나에게 상세하게 말해주었다. 명설은 사건 당일, 이 사건에 대해 명안에게 전해들은 적이 있었지만, 이번에는 세세한 부분까지 좀 더 신경 써서 들었다. 명안의 이야기를 다 듣고 난 후에 명설이 말했다.

"녹화된 영상으로 강도 얼굴을 알아볼 수 없다면 강도의 옷차림에 주목해 보자! 그날 강도가 썼던 노란 야구 모자가 좀 독특했잖아. 오늘 네 말을 듣고 나니까, 얼마 전에 내가 인터넷에서 그런 옷차림을 한 사람을 본 것 같아. 한번 찾아볼게!"

명설은 노트북을 켜고 소셜미디어에 접속해서 최근 며칠 동안 친구들이 올린 영상을 찾아보았다.

"찾았다. 이 동영상을 봐. 내 친구가 도로에서 시비가 붙은 운전자들의 모습을 찍어서 인터넷에 올린 거야."

명안은 마우스를 클릭해 동영상을 돌려보았다. 화면에는 오토바이를 탄 두 명의 운전자가 보였는데 한 운전자가 다른 운전자에게 추월당하자 화가 머리끝까지 난 상태였다. 그들은 서로에게 심하게 욕설을 퍼부으면서 뱀처럼 요리조리 그곳을 빠져나갔는데, 그 행동이 몹시 위험해 보였다. 두 운전자 모두 헬멧을 쓰고 있지 않았으며, 그중 한 사람은 노란색 야구 모자를 쓰고 흰색 줄무늬가 있는 파란색 운동복 점퍼와 긴 바지를 입었으며 검은색 배낭을 메고 있었다. 또 다른 사람은 모자를 쓰고 있지 않았으며 갈색 상의에 슬리퍼를 신고 있었다.

명안이 흥분해서 말했다.

"이 사람이 내가 본 강도야. 옷이 완전 똑같고 덩치도 비슷해. 영상이 찍힌 날짜도 지난 일요일이네. 이 영상에는 번호판까지 똑똑히 찍혀 있어. 이번에는 강도가 빠져나갈 수 없을 거야."

명안은 곧바로 이웅에게 전화를 걸어 상황을 설명하고 동영상 파일을 복사해 이웅에게 전송했다. 그리고 조만간 사건이 해결될 것이라고 생각했다. 그런데 뜻밖에도 한 시간 뒤에 이웅이 전화를 걸어왔다.

"범인 이름이 나왔어. 허정우라는 사람이야. 갈색 상의를 입은 운전자 이름은 류빈준이고. 검찰관은 이들에게 교통법규 위반에 대해 자백을 받아내고 경찰에게 처리하라고 넘겼어. 하지만 슈퍼마켓 강도 사건에 대해서는 증거가 부족하다면서 체포영장이나 수색영장 발부를 꺼렸어. 허정우가 입은 옷은 누구라도 입을 수 있는 옷인데 그것만으로 허정우가 사건에 연루되었다고 인정하기 어렵다고 검찰관이 판단했기 때문이야."

몹시 실망한 명안은 전화를 끊고 나서 한숨을 쉬며 말했다.

"정말로 이번 사건은 해결할 수 없는 걸까? 이렇게 범인이 빠져나가는 것을 두 눈 빤히 뜨고 지켜보고 있어야 한다고?"

명안은 깊은 한숨을 내쉬었다. 큰양놀래기를 죽인 민박집 주인은 사진 한 장 때문에 범죄 증거가 확실해졌다. 그런데 돈을 훔치는 과정이 그대로 찍힌 영상이 있는데도 강도의 죄를 확정하지 못하다니, 그저 안타까웠다. 고민 끝에 명안은 지안에게 전화를 걸었다.

"감식관님, 강도 사건 녹화 파일을 저한테 이메일로 보내주시겠어요? 제가 좀 더 살펴보고 싶어요."

얼마 후 지안이 보내준 영상을 살펴보던 명안이 미소를 띠더니 갑자기 슈퍼마켓에 다시 가보았다. 슈퍼마켓에 들른 뒤로는 문구점에 갔고, 그 후에는 오후 내내 자기 방에 틀어박혀 있었다. 명설은 다음 날 시험을 봐야 했기 때문에 시험 준비로 바빠서 그런 명안을 상대할 시간이 없었다.

해 질 무렵, 명안이 마침내 방문을 열고 나왔다.

"누나, 내가 감시 카메라 영상에서 얼마나 많은 정보를 알아냈는지 봐."

명설은 보고 있던 책을 내려놓고 명안을 따라 동생 방으로 갔다. 책상 위에는 수학 계산식이 빽빽이 적힌 종이 몇 장이 놓여 있었고, 한쪽 옆에는 찰흙으로 만든 조그마한 사람 모형이 있었다. 명설은 곤혹스러워하며 물었다.

"이게 다 뭐야?"

명안은 계획이 있다는 듯 자신 있게 말했다.

"증거가 될 수 있는 유일한 영상에서는 범인 얼굴을 식별할 수 없잖아. 그런데 문득 큰양놀래기와 슬리퍼 사진이 떠올랐어. 그래서 범인과 주변 사물의 크기를 비교해 보기로 했지."

명안은 컴퓨터로 영상을 재생한 후 일시 정지 버튼을 눌렀다.

"이것 봐, 이 화면에서 범인은 계산대로 뛰어들어 돈을 챙기고 있어. 범인이 담배 진열대에 상반신을 기대는 것도 보이지. 그래서 슈퍼마켓에 가서 진열대 크기를 재어 범인의 어깨너비를 계산해 냈어."

명안은 영상을 몇 분간 재생하다가 다시 일시 정지시켰다.

"이 화면에서는 범인의 다리가 보여. 그래서 조금 전과 똑같은 방법으로 범인의 허벅지와 종아리의 길이 비율을 계산해 냈어."

명안은 그런 방식으로 여러 각도에서 찍힌 화면을 통해 범인의 몸통과 머리 크기도 알아냈다.

"그뿐만 아니라 슈퍼마켓에 있는 4대의 감시 카메라는 각각 다른 각도에서 동시에 촬영되었어. 그러니까 동시에 네 가지 각도에서 똑같은 물체를 볼 수 있지. 수학을 잘하는 사람이라면 입체 구조를 계산해 냈을 거야. 하지만 난 그렇게 수학을 잘하지 못하잖아. 그래서 대신 찰흙으로 입체 모형을 만들었어. 이게 바로 범인의 3D 입체 모형이야. 신체 각 부분의 비율이 범인의 것과 모두 똑같아."

평소 동생을 놀리기 좋아하는 명설도 "와!" 하고 감탄하지 않을 수 없었다. 명안은 웃으면서 말했다.

"그게 다가 아니야. 오토바이 운전자들의 영상을 보면서 계산을 해봤는데, 노란 야구 모자를 쓴 남자의 신체 사이즈가 슈퍼마켓 강도와 정확히 일치했어."

명설이 감탄하며 말했다.

"이렇게 많은 데이터가 있으니까 용의자를 판별하는 데 분명 도움이 될 거야. 네가 계산해 낸 데이터와 이 입체 모형을 이웅 아저씨에게 빨리 보내자!"

명설과 명안이 집을 나서려는데, 마침 집으로 돌아온 아빠가 아이들이 나눈 이야기를 다 듣고는 말했다.

"그러고 보니 아빠도 한 가지 생각나는 게 있어. 강도 사건이 있던 그날, 아빠가 슈퍼마켓 입구까지 쫓아 나가서 범인이 오토바이를 타고 도주하는 것을 목격했을 때 말야. 마침 갈색 상의를 입고 슬리퍼를 질질 끄는 사람이 지나가고 있었거든. 그 사람의 인상착의가 오토바이 영상 중 두 번째 운전자와 완전히 일치해. 노란 모자를 쓴 사람이 강도질을 하는 동안 그 사람이 망을 봐주고 있었던 건 아닐까? 당시 목격자 진술에서 그 부분에 대해 말했으니까, 너희가 이웅 아저씨에게 말해서 그 사람도 추적해 보라고 해."

명설이 활짝 웃으며 말했다.

"증거가 하나 더 추가되었으니, 이제는 검찰관도 받아들일 거예요."

명안이 덧붙여서 말했다.

"아까 제가 계산을 하면서 그 오토바이 영상을 꼼꼼히 살펴봤는데요. 그들이 현장을 뱀처럼 빠져나갈 때의 속도를 계산해 보니까 엄청나게 과속했더라고요. 아마 그 죄명도 하나 더 추가할 수 있을 거예요."

아빠가 웃으면서 말했다.

"강도 사건에 비하면 교통법규 위반은 크게 중요하지 않으니 일단 이 증거들부터 경찰에 보내렴!"

그날 저녁, 명설 가족이 텔레비전 뉴스를 보고 있을 때 이웅이 전화를 걸어왔다.

"검찰관이 명안이가 보낸 상세한 데이터와 입체 모형을 보고는 즉시 체포영장을 발부했어. 용의자 두 사람의 신체 사이즈를 측정해 보니까 명안이 제공한 데이터와 2퍼센트 정도의 오차밖에 나지 않더구나. 명안아, 너 정말이지 〈넘버스〉(CBS 범죄 드라마—옮긴이)에 나오는 수학 천재보다 더 대단해! 두 용의자는 명백한 증거를 보고는 고개를 숙이더니 곧바로 자백했어."

가족들은 명안에게 엄지손가락을 치켜세우며 그의 뛰어난 활약을 칭찬해 주었다.

사건 너머의 과학

사람은 누구나 머리, 몸통, 팔다리를 가지고 있지만 신체 비율까지 모두 똑같지는 않다. 인종은 물론, 사는 지역의 자연환경에 따라서도 신체 비율이 다르다. 예를 들어 추운 지역에 사는 사람들은 열량 손실을 줄이기 위해 비교적 몸이 뚱뚱한 편이다. 반대로 더운 지역에 사는 사람들은 열을 빨리 방출하기 위해 일반적으로 마른 편이다. 성별에 따라서도 신체 비율이 다르다. 예컨대 여자는 남자보다 다리가 길고, 남자는 여자에 비해 팔이 길다.

설령 똑같은 사람이라도 성장 단계에 따라 신체 비율은 다르다. 아이와 성인의 비율이 다른 것처럼 말이다. 서른 살이 넘으면 몸은 성장을 멈추지만, 척추는 눌려서 키가 줄어든다. 그래서 사람은 평균적으로 10년에 1센티미터씩 키가 줄어든다.

바보의 금을
황금으로 둔갑시킨 사기 사건

금요일 저녁, 명설 가족은 저녁을 먹고 텔레비전을 보다가 화면 아래로 지나가는 뉴스 자막을 보았다.

"아리산 영업 수익 50퍼센트 감소, 더 이상 인파를 볼 수 없다."

자막을 보자마자 명안은 이 기회에 아리산으로 놀러 가자고 말했다.

"아리산에 관광객이 줄었다는데 이럴 때 우리 놀러 가야죠!"

엄마도 맞장구를 쳤다.

"그거 좋은 생각이구나! 내가 아리산에 간 게 대학 졸업 여행 때였으니까 벌써 20년이 넘었어!"

아빠는 잠시 생각해 보더니 말했다.

"좋아. 숙소가 예약되면 내일 바로 출발하자."

아빠는 곧장 인터넷으로 숙소를 검색했고, 순조롭게 예약에 성공했다.

이튿날 아침, 명설 가족은 차를 타고 아리산으로 향했다. 한참을 달리다 보니 오후쯤 아리산 유원지 정문에 도착했다.

숙소에 도착해 이름을 말하니 주인아주머니가 곧바로 방을 안내해 주었다. 아주머니가 물었다.

"혹시 내일 아침에 해돋이 보러 가십니까?"

모두들 "물론이죠!"라고 대답했다. 그러자 주인아주머니가 미소를 지으며 친절하게 말했다.

"그럼 4시 전에는 표를 사러 가야 해요. 전용 열차 운행 시간은 내일 일출 시각에 맞춰서 정해지거든요. 조금 있으면 역에 안내가 될 거예요. 저희가 내일 출발 30분 전에 모닝콜을 해드릴 테니 일어날 걱정은 안 하셔도 됩니다!"

명설 가족이 벽에 걸린 시계를 보니 이미 3시 15분이었다. 그들은 얼른 짐을 내려놓고 서둘러 역으로 가서 표를 샀다.

다음 날, 명설 가족은 숙소를 나와서 아직 날이 밝지 않아 컴컴한 길을 더듬어 역으로 향했다. 산속 기온은 무척 쌀쌀했다. 다행히 엄마가 미리 알려줘서 모두 외투를 따로 챙겨왔다. 엄마가 말했다.

"내가 졸업 여행을 왔었을 때 이곳 기온이 28도 정도였어. 그때도 산 정상까지 삼림 열차를 타고 갔었거든. 다들 별생각 없이 아리산역에 도착했는데, 거기 기온이 겨우 7도밖에 안 되더라고. 얼마나 춥던지 열차에서 내리자마자 패딩을 사러 갔다니까."

명설 가족은 삼림 열차를 타고 전망대로 가서 일출을 감상했다. 운이 좋아서 일출을 온전히 즐길 수 있었다. 아침 햇살은 눈부셨고, 구름은 변화무쌍했다. 그곳에서 사이프러스 나무 오일을 판매하는 상인조차도 최근 한 달 동안 가장 아름다운 일출이라고 말했다. 명안은 휴대전화를 들고 쉬지 않고 사진을 찍었다.

해돋이를 보고 나서 숙소로 돌아오니 아침 식사가 준비되어 있었다. 밥을 다 먹은 뒤에 아빠는 늘 그랬듯이 휴대전화 메시지를 확인했다. 그러다가 명안이 아침에 찍은 일출 사진이 어느새 명안의 소셜미디어에 올라간 것을 보았다. 사진에는 가족들의 이름이 태그되어 있었는데, 오랫동안 연락을 하지 않고 지낸 아빠의 초등학교 동창 황소양이 그 사진을 봤는지 아빠의 휴대전화에 이런 메시지를 남겼다.

"아리산에 왔구나. 온 김에 우리 한번 보자."

그는 아리산에서 내려오면 꼭 자신에게 들리라면서 전화번호와 주소를 남겨놓았다. 아빠는 명안을 탓했다.

"너희가 이렇게 사진 올려대니 내 행방이 다 드러나잖아."

엄마가 물었다.

"어떤 사람이에요?"

"예전에 페인트 공장을 경영했었는데, 큰돈을 벌어 퇴직했다는 말만 들었지 여러 해 동안 연락도 안 하고 지냈어. 그래도 가끔은 그 친구 소셜미디어에서 해외여행을 갔다거나 집이나 가게를 둘러보며 투자 기회를 찾고 있는다는 등의 소식은 봤지. 그런데 주소를 보니 판루향에 살고 있네. 언제 이런 시골로 왔는지 잘 모르겠어."

"판루향이요? 거긴 어떤 곳인데요?"

명설이 호기심에 물었다.

"산에서 내려갈 때 판루향을 지나게 될 거야. 주소를 보니 시내 쪽은 아닌 것 같아. 여길 들렀다 가면 우리끼리 여행을 즐길 시간이 줄어들 거야."

엄마는 아빠를 위로하며 말했다.

"괜찮아요. 여기까지 온 김에 옛 친구를 만나보는 것도 좋죠."

명설 가족은 계획을 일부 수정했다. 우선 삼림 열차를 타고 자오핑역으로 간 뒤, 길을 따라 걸으면서 동생 연못과 언니 연못으로 유명한 지에메이탄과, 2000년 이상 묵은 나무 군락 지역으로 유명한 선무촌을 구경한 다음, 다시 선무역에서 열차를 타고 아리산역으로 돌아가 역 근처에서 점심을 먹고, 차를 몰고

산에서 내려오는 일정이었다.

그들이 화려한 도교 사원인 서우전궁의 큰 광장을 지나자 길을 따라 수많은 거목이 나타나기 시작했다. 선무역에 도착하니 플랫폼은 관광객들로 꽉 차서, 하는 수 없이 여러 조로 나누어 역으로 들어가고 열차도 타야 했다. 명안은 기다리는 동안 아리산의 거목에 대한 자료를 인터넷으로 찾아보았다.

"현재 살아 있는 거목 중 가장 오래된 것은 2,300년이나 되었대요. 그 나무가 싹을 틔운 시기가 후한 시대 광무제 재위 연간에 해당하기 때문에, 그 나무를 '광무회'라고 부르기도 하고요. 그때는 아직 대만을 아는 사람이 없었겠죠? 그런데 이 나무들이 그때 싹을 틔웠다는 걸 어떻게 아는 거죠? 누가 그 나무들의 생일을 기록했을까요?"

명설이 그 말을 듣고 웃음을 터뜨렸다.

"바보야! 나무의 나이는 사람이 기록해서 아는 게 아니라 나이테를 보고 아는 거야."

"나이테가 뭐야?"

"나무줄기를 가로로 톱질해 보면 동심원에 가까운 고리들이 있는 횡단면이 나오는데, 그 고리가 바로 나이테야. 하나의 고리는 1년을 나타내. 고리의 수를 세면 나무의 나이를 알 수 있어."

이야기를 나누고 있을 때 열차가 도착했다. 명설 가족은 열차를 타고 아리산역에 도착했다. 그들은 역 옆에 있는 식당에서 사슴고기와 아리산 고산차를 먹었다. 다 먹은 후에 아빠는 곧바로 차에 시동을 걸었다. 그들은 도로를 따라 산에서 내려와 판루향에 도착했다.

가는 내내 도로 상황은 매우 열악했다. 길은 비좁고 질퍽거렸으며, 심지어 어떤 곳은 공사 때문에 도로가 봉쇄되어 있었다. 그들은 하는 수 없이 현장 노동자의 지휘에 따라 대기했다가 그 도로를 통과해야만 했다. 아빠는 불만을 터뜨렸다.

"그 친구한테 무슨 문제라도 있었던 건가? 사장이라는 사람이 왜 이런 깊은 산속에 사는 거지?"

얼마 지나지 않아, 내비게이션이 작은 다리 앞에서 우회전해서 더 좁은 산길로 들어가라고 안내했다. 아빠는 걱정스러워하며 말했다.

"아무래도 좀 이상해. 우리 다음 유턴 신호가 나오면 차를 돌려서 숙소로 돌아가자!"

그런데 겨우 몇 십 미터쯤 갔을 때, 임시 노동자 숙소처럼 생긴 막사가 덩그러니 세워져 있는 공터가 하나 나왔다. 집 주변으로는 나무 몇 그루와 흙이 수북이 쌓인 언덕들도 있었다. 그때 내비게이션에서 이렇게 말했다.

"목적지에 도착했습니다."

마침 막사에서 쉰 살 정도로 보이는 남자가 나왔다. 그 남자는 키가 작고 뚱뚱했으며 상고머리를 하고 있었다. 그는 생글생글 웃으면서 명설 가족을 향해 손을 흔들었다.

"저 사람이 아빠 친구야."

모두들 반갑게 인사를 나눈 뒤에 아빠가 곤혹스러워하며 물었다.

"근데 너 왜 이런 데 와 있어?"

황소양은 빙그레 웃으면서 흙더미들을 가리키며 말했다.

"이 땅을 사들여서 금광을 채굴하려고."

"금광?"

"그래! 그래서 자네가 근처에 왔다는 것을 알고서 너무 기뻤어. 얼른 화학 전문가에게 감정을 부탁하고 싶어서 말이야."

"난 광물에 관해서는 전문가가 아닌걸. 그건 전문 기관에 분석을 의뢰해야지."

"땅 주인이 외국에 화학 분석을 의뢰했다는데 오늘 결과를 가지고 올 거야!"

"이런 화학 분석은 매우 간단한데 굳이 해외까지 보낼 필요가 있어?"

"주인이 그러는데 해외 분석 기관이 비교적 권위가 있대. 그래도 내 쪽 사람의 의견도 들어봐야 안심이 될 것 같아서 말이야."

아빠는 마지못해 말했다.

"알았어. 그럼 좀 보여줘 봐."

황소양은 공터에 있는 흙더미들을 가리켰다.

"저게 이 땅 밑에서 파낸 흙이야. 이 땅은 원래 숲이었어. 땅 주인의 이름은 양이운. 그 사람은 5년 전에 이 땅을 물려받은 뒤에 나무를 다 베어내고 집을 지으려고 했대. 그런데 지반 공사를 위해 땅을 파다가 금광을 발견한 거야. 그래서 공사를 중단하고 이 땅을 함께 개발할 투자자를 구하게 된 거지."

엄마는 막사 옆에 있는 몇 그루의 나무들을 바라보며 물었다.

"나무를 싹 다 베었다고요? 그럼 여기 있는 나무들은 뭐죠?"

황소양은 어깨를 으쓱했다.

"아마 햇볕이 너무 뜨거워서 다시 몇 그루 심었나 보죠. 땅 주인 말에 의하면 누가 금을 훔칠까 봐 막사를 짓고 이곳을 지키고 있었다고 하더라고요. 금광 때문에 땅을 비싸게 파니까 선뜻 사겠다는 사람은 없었고요. 근데 자네도 알다시피 난 줄곧 투자할 기회를 찾고 있었잖아. 그래서 금광이 있는 땅에 무척 관심이 갔어. 마침 땅값을 조금 깎아준다기에 거래가 성립되었지. 오늘 오후에 땅 주인이 분석 보고서를 가지고 오면 곧바로 계약을 마무리 짓고 대금을 지불할 거야. 주인이 이 흙들을 외국에 보내서 화학 분석을 진행하는 동안, 난 이 막사에서 지내며 금광을 지키고 있었지."

아빠는 흙더미에서 흙을 한 움큼 집어 들고는 자세히 관찰했다. 붉은 흙 속에 담황색의 반짝이는 알갱이들이 여러 개 보였다. 알갱이 자체는 모양이 불규칙했고 정육면체 형태도 약간 포함되어 있었다. 아빠는 눈썹을 찡그리며 물었다.

"네가 말한 금광이 이 담황색 알갱이들이야?"

황소양이 흥분해서 말했다.

"너도 보이지, 그치?"

아빠는 조금 못마땅한 표정을 지었다.

"내가 본 건 황철광이지, 황금이 아니야. 근데 황철광은 조금 우스꽝스러운 별칭을 가지고 있어, 바로…."

아빠는 갑자기 말을 멈추더니 계속 이야기를 해야 할지 망설였다. 그러자 황소양이 오히려 다그쳐 물었다.

"뭐라고 부르는데?"

화학에 대해 많이 안다고 자부하는 명설이 앞질러 말했다.

"황철광은 색깔이 황금과 닮아서 흔히들 금으로 오해를 많이 해요. 그래서 바보의 금이라고도 불려요."

"네 말은, 그 바보가 '나'라는 거야?"

황소양이 언짢아하며 물었다. 아빠는 난처해서 어떻게 대답해야 할지 몰랐다. 그런데 그때 어떤 자동차가 공터 안으로 들어오더니 아빠 차 옆에 멈춰 섰다. 차에서 내린 사람은 키가 크고 마른 중년 남자였다. 그 남자의 머리는 기름을 발라 심하게 번들거렸고, 야윈 얼굴에 표정은 무척이나 진지했다. 그는 차에서 내리자마자 물었다.

"황 사장님, 이 사람들 다 누굽니까?"

황소양은 화가 단단히 나서 그에게 따졌다.

"이 사람은 내 동창이에요. 화학 전문가죠. 이 친구 말이 흙 속에 들어 있는 황금빛 알갱이들은 황금이 아니라 바보의 금이라던데, 혹시 저를 속인 겁니까? 저 계약 안 하겠습니다!"

양이운은 이맛살을 찌푸리더니 아빠를 표독스럽게 노려보았다. 그러더니 애써 다시 웃는 표정을 지으며 말했다.

"황 사장님, 그런 농담 마십시오. 제가 황 사장님을 위해서 이렇게 보고서를 받아왔어요. 이 보고서에는 토양에 금이 함유되어 있다고 적혀 있습니다. 미국 매사추세츠 대학에 있는 지질연구소의 화학 분석 결과인데, 설마 이걸 못 믿으시는 겁니까?"

말을 끝내고 나서 그는 손에 들고 있던 서류 한 부를 내밀었다. 황소양은 서류를 보고는 어안이 벙벙했다.

"전부 영어잖아요. 이걸 제가 어떻게 읽습니까?"

양이운이 웃으며 말했다.

"안심하세요. 사장님을 위해서 전자사전을 준비해 왔으니까

요. 천천히 찾아보시면 됩니다."

그는 그렇게 말하면서 전자사전도 하나 건넸다. 황소양은 서류를 아빠에게 주며 말했다.

"나 대신 자네가 좀 읽어봐 줘."

아빠는 넘겨받은 서류를 자세히 읽어 보았다. 그때 명설과 명안은 나지막이 무언가를 의논하더니 엄마에게 말했다.

"엄마, 우리는 나무 밑에서 잠깐 바람 좀 쐬고 있을게요."

"그래, 아빠가 집중해서 서류를 살펴볼 수 있게 해드리자. 그러고 나서 우리도 곧 집에 가야 해."

두 아이는 쏜살같이 그 자리를 떠났다.

분석 기관은 확실히 매사추세츠 대학이 틀림없었다. 서류에는 해당 견본이 금광이며, 안에 든 원소가 금이 맞다고 적혀 있었다. 그 외에 은, 수은, 황화물(황과 황보다 양성인 원소의 화합물을 통틀어 이르는 말—옮긴이)도 들어 있다고 했다. 아빠는 서류를 훑어보면서 황소양에게 바로바로 설명을 해주었다. 여기까지 들은 황소양이 안심한 듯 웃었다.

"그럼 문제가 없군. 자네가 본 황철광은 단지 불순물일 뿐, 사실 안에 황금이 들어 있다는 얘기잖아. 맞지?"

아빠는 고개를 내저으며 이어서 다음 장을 넘겨보았다. 짙은 색에 가늘고 기다란 모양의 고체 사진이 있었다. 황소양이 호기

75

심에 물었다.

"이건 뭐야?"

아빠는 사진 밑에 첨부된 설명을 읽어주었다.

"황금 알갱이래."

황소양은 기뻐서 손뼉을 쳤다.

"역시 황금이 있었구나. 이제는 너도 믿겠지! 그런데 왜 색깔이 황금색이 아니지?"

"보고서에는 겉면이 백금 합금으로 코팅되어 있어서 황금색을 띠지 않는다고 되어 있어. 하지만 왜 막대 모양인지는 좀 더 생각해 봐야겠어."

황소양은 귀찮은 듯 말했다.

"황금이면 됐지, 모양이 뭔 상관이야?"

아빠는 아무 말 없이 안경을 내리고는 사진을 자세히 들여다보며 생각에 잠겼다. 그러다가 갑자기 자기 이마를 툭 쳤다.

"알았다! 이건 하천에 퇴적되는 금광이야. 금은 결정이 될 때 늘 나뭇가지 모양의 결정체를 형성하고 황철광은 모결정, 즉 결정체의 중심점이 되지. 그래서 분석 보고서에 황철광이 나오는 것은 일리가 있어. 하지만 이 흙더미 속의 황철광은 통째로 황철광이라서 근본적으로 상황이 달라. 나뭇가지 모양의 황금 알갱이는 강물에 일정 시간 운반되면서 원래 가지들이 서로 부딪혀 깎이기 때문에 막대 모양이 돼."

황소양은 머리를 긁적이며 말했다.

"좀 더 쉽게 말해줄 수 없어?"

"이거 한 가지는 분명하게 말할 수 있어. 분석을 위해 보낸 금광은 강에서 채취한 것이지, 이 땅에서 채취한 게 아니야. 저 사람이 널 속인 거야."

그러자 옆에 있던 양이운이 갑자기 험상궂게 말했다.

"헛소리하지 마세요. 황 사장님, 계약에 필요한 돈은 가져오셨나요? 분석 보고서를 가지고 왔으니 빨리 돈을 지불해 주세요."

그때 좁은 길 입구로 경찰차 한 대가 들어오더니 차에서 경찰 두 명이 내렸다. 그중 한 사람이 말했다.

"양이운 씨, 더 이상 사기 치지 마세요. 애초에 여긴 당신 땅도 아니잖아요. 그런데 어떻게 당신에게 땅을 팔 권리가 있죠? 또 토지 소유권을 위조하셨나요? 경찰이 당신을 수배한 지 오랩니다. 당장 경찰차에 타세요."

양이운은 급히 차를 몰고 달아나려고 했으나 모든 길이 이미 경찰차로 막혀 있어 도망갈 수 없었다. 그는 꼼짝없이 붙잡혀 경찰차로 호송되었다.

"이게 다 무슨 일이지?"

황소양이 놀란 얼굴로 한탄하듯 말했다. 그때 명설과 명안이 나무 아래에서 걸어 나왔다. 명설이 진지하게 말했다.

"아까 우리는 아저씨가 아빠 의견에 반신반의하면서 땅 주인이 사기꾼인지 아닌지 선뜻 판단하지 못하는 것을 봤어요. 그러다가 잠시 나무 아래로 가서 바람을 쐬었는데요. 거기서 톱으로 자른 지 얼마 안 된 듯한 나무그루를 하나 발견했어요."

"아! 그건 어제 내가 옷을 널 장대가 필요해서 톱으로 자른 거야."

명안이 고개를 끄덕이며 대답했다.

"아무튼 그걸 보고 갑자기 좋은 생각이 나서 그 나무의 나이테를 세어봤어요. 나무 나이는 스물다섯 살이었어요. 그래서 땅 주인이 5년 전에 이곳 나무를 전부 베었다는 말이 다 거짓말인 걸 알게 되었죠."

명설이 이어서 말했다.

"사실 그건 별로 대수롭지 않은 일이지만, 땅 주인이 별로 정직한 사람은 아니라는 사실을 충분히 증명해 주죠. 그래서 제가 형사반장인 이웅 아저씨에게 전화해서 땅 주인의 이름을 알려주며 어떤 사람인지 알아봐 달라고 부탁했어요. 그런데 아저씨 말이 그런 사람을 찾을 수가 없다는 거예요."

명안이 덧붙여 말했다.

"그래서 휴대전화로 저 사람 사진을 몰래 찍어서 이웅 아저씨에게 보냈어요. 그러자 아저씨가 그 사람이 지명 수배된 상습 사기범임을 단번에 알아보더라고요. 진짜 이름은 양운우였어요. 이웅 아저씨는 즉시 그 사람을 체포하라고 현지 경찰서에 알렸고요."

황소양은 자초지종을 모두 듣고 매우 기뻐했다.

"너와 너희 집 어린 탐정들이 날 구해줬어. 안 그랬다면 오늘 난 큰돈을 사기당했을 거야. 감사의 표시로 내가 자이시의 최고급 호텔에서 저녁을 사고 싶어."

그러자 엄마가 재빨리 사양했다.

"아니에요, 괜찮습니다. 손해를 안 봤으니 그걸로 된 거죠. 저희는 서둘러 집으로 돌아가야 해요. 애들도 내일 학교에 가야하고요!"

명설 가족은 기쁜 마음으로 황소양과 작별인사를 나누었다.

사건 너머의 과학

나무의 굵기 성장은 형성층이라는 분열조직에 의해 이루어진다. 형성층은 체관과 물관 사이에 있는 얇은 띠로, 세포 분열을 통해 줄기를 굵게 한다. 나무가 자라는 동안 새로 생긴 세포는 바깥으로 밀려나고 오래된 세포는 안쪽으로 밀려나는 생사 교체가 일어난다.

따뜻한 여름과 추운 겨울의 나무 성장률은 다르다. 그로 인해 색깔이 달라지면서 나이테가 만들어진다. 우리는 그런 나이테를 보고 나무의 나이를 판단할 수 있다. 그뿐만 아니라 나이테의 색깔과 밀도를 보고 그해의 기후 상황도 짐작할 수 있다. 일부 조개(예를 들어 쌍각 조개 연체동물)와 산호도 나이테를 가지고 있다.

증거로 남은
꽃가루

이번 학년에 아빠는 학교의 자연과학 교학 연구회에서 간사를 맡았다. 연구회 관례에 따라 아빠는 이번 학기에 선생님들을 인솔해 교외 참관 활동을 해야 했다. 그래서 아빠는 선생님들과 함께 푸산 식물원을 관람하기로 했다.

아빠가 저녁 식사 때 가족에게 말했다.

"그 식물원은 관람하는 것 자체가 쉽지 않아. 적어도 몇 개월 전에 미리 신청해야 해. 게다가 신청할 때 미리 인원수와 사람을 확정해서 예약해야 하고, 식물원에 입장할 때도 일일이 신분증을 검사해. 다른 사람 이름을 도용해서는 안 되는 거지. 푸산은 생태 보호구역이라 연구원들만 숙박할 수 있고, 일반 방문객들은 잠을 자거나 음식을 먹을 수 없어. 그래서 아침에 식물원을 관람하고 점심 때 그곳을 나와 밖에서 식사해야 해."

명안이 실망해서 말했다.

"음식을 못 먹는다고요? 그런데도 거기에 가려는 사람들이 있어요?"

"당연히 있지! 희귀한 식물들이 어마어마하게 많으니까! 요즘 같은 계절에는 이팝나무, 금사도(물레나무과의 여러해살이풀─옮긴이), 청협엽(산수유과의 식물─옮긴이) 등이 한창 꽃을 피울 때야. 정원에 종종 나타나는 원숭이, 날다람쥐, 검은수리 등도 구경할 만하지."

명설은 야외에서 그런 동물을 본 적이 없었다.

"와! 저도 가고 싶어요."

아빠가 계속해서 말했다.

"식물원은 신베이시와 이란현의 경계에 있어. 그래서 이란 쪽에서도 식물원으로 들어갈 수 있단다. 아침에 식물원으로 들어가기 위해서 우리 연구회 일행들은 전날 밤에 자오시향에 가서 숙박을 하기로 했단다. 관람을 끝내면 오후 1시가 조금 넘을 것 같아. 나는 선생님들을 데리고 근처 삼계탕 맛집에 가서 점심을 먹을 생각이야. 이번에는 학교 공문이 있어서 비교적 쉽게 관람 신청을 할 수 있었어. 워낙 얻기 힘든 기회여서 우리 가족 모두 데려가려는 거야. 어차피 이번 활동은 학교에서 보조금을 지원해 주는 것이 아니라서 각자 부담해야 하거든."

엄마가 물었다.

"언제 출발할 예정이죠?"

"4월 마지막 주말로 예정되어 있어."

시간은 빠르게 흘러서 눈 깜짝할 사이에 4월 말이 다가왔다. 토요일이 되어 명설 가족과 연구회 일행은 이란으로 힘차게 출발했다. 가는 도중에 관광명소에 들러 구경도 했다. 저녁에는 해산물 식당에서 식사를 했는데, 명안은 너무나 먹고 싶었던 음식이라 맛있게 먹었다.

식사 후 날이 어두워지자, 일행은 차를 몰고 온천 여관에 투숙했다. 그곳에는 온천 수영장이 있었다. 명설과 명안은 수영을 하며 즐겁게 보낸 뒤 편안하게 잠자리에 들었다.

다음 날, 명설이 눈을 떠보니 아침 7시였다. 어제 너무 신나게 논 탓에 그만 늦잠을 잔 것이었다. 명설은 어젯밤에 아빠가 한 말이 생각났다. 해산하기 전에 아빠는 일행들에게 오늘 아침 일찍 우평치 폭포로 하이킹을 가고 싶은 사람은 아침 6시까지 호텔 주차장으로 모이라고 했었다. 늦게 나오는 사람은 기다리지 않고 정시에 출발하겠다고 미리 밝히기도 했다. 텅 빈 부모님 침대를 보니 엄마 아빠는 이미 출발한 뒤였다.

8시쯤 되자 폭포로 하이킹하러 갔던 사람들이 호텔로 돌아와 아침밥을 먹었다. 명안은 곧바로 엄마 아빠에게 왜 깨우지 않았 냐고 따졌다. 엄마가 미소를 띠며 말했다.

"너희 둘 다 너무 곤히 자던데? 어제 수영을 너무 열심히 해서 피곤한가 보다 싶어서 실컷 자라고 깨우지 않았어."

명안은 여전히 시무룩했다.

"너무해요! 다음엔 꼭 데려가 주세요."

그러자 아빠가 시계를 보며 말했다.

"아침 식사가 끝나면 곧바로 푸산 식물원으로 출발해야 해. 안 그러면 입장 시간을 놓치고 말 거야. 명안이 네가 정말로 폭포를 보고 싶다면 관람 끝나고 점심 먹은 다음에 아빠가 데려가 줄게."

아이들은 환호성을 질렀다. 아침 식사 후에 가족들은 예정대로 숙소를 출발해서 제시간에 식물원에 도착했다. 명설과 명안은 동식물에 대해 잘 알지 못했지만 식물원 해설사와 아빠의 동료인 생물 선생님의 설명을 들으며 그곳에 있는 진귀한 종들에 대해 많이 알게 되었다.

식물원을 한 바퀴 둘러보고 나니 어느새 오후 1시가 되었다. 아쉬웠지만 다들 배가 고팠기에 식물원을 나와 근처 삼계탕 집에 가서 식사를 했다.

식사 자리에서 사람들은 술잔 대신 마시고 있던 찻잔을 들고 아빠의 노고에 감사했다. 아빠는 흡족해 하며 말했다.

"여러분의 협조 덕분에 이번 활동이 순조롭게 마무리된 것에 감사드립니다. 다만 저희 아이들이 아침에 하이킹을 못 해서 식사 후에 그곳에 데리고 가려 해요. 그러니 이번 활동은 여기서 해산하고, 각자 차를 몰고 집으로 돌아가시면 되겠습니다. 그래도 괜찮으시죠?"

"당연히 괜찮죠."

일행과 헤어진 후 아빠는 가족들을 차에 태우고 폭포 주차장으로 향했다. 차에서 내린 명설 가족은 곧바로 하이킹을 시작했다. 우펑치 폭포는 총 세 층으로 나뉘는데, 세 폭포 모두 규모가 작아서 높이가 몇 십 미터에 불과하고 폭포 수량도 많지 않았다. 그들은 곧장 위로 올라가서 제일 큰 제1폭포에 도착했다.

사진을 찍고 나서 되돌아가는 길에 명안은 길가에 서 있는 안내판 하나를 발견했다. 안내판에는 샛길로 올라가면 천주교 성당에 도착한다고 적혀 있었다. 폭포 구경에 별 흥미를 느끼지 못한 명안이 아빠를 보며 말했다.

"우리 천주교 성당에도 가 봐요."

엄마는 고개를 끄덕였다.

"네가 길을 안내하렴. 우리도 아침에는 그곳까지 가보지 못했단다."

성당으로 가는 길 양옆에는 예쁜 꽃들이 많이 피어 있었다. 한 송이 한 송이 모두 연분홍색을 띠고 있었는데 빛깔이 너무나 곱고 부드러웠다. 어떤 꽃봉오리는 이미 활짝 피었는데, 하얀 입술 꽃잎 속에 붉은색이 돌았고 모양은 난초와 비슷했다. 명설과 명안은 꽃이 너무 예뻐서 휴대전화로 연신 사진을 찍었다.

그때 어떤 젊은 남자가 산 위쪽에서 급하게 뛰어 내려왔다. 남자는 회색 반소매 상의에 주황색 운동복 바지를 입고, 파란색 축구화를 신었으며, 검은색 배낭을 메고 있었다. 또한 머리는 왁스를 발라 뾰족하게 빗어 올린 상태였고 눈빛은 매서웠다.

그는 좁은 산길 한가운데 쪼그리고 앉아서 사진을 찍고 있는 명안을 발견하고는 서둘러 비켜서느라 한쪽 발을 오른쪽 풀숲에 내딛으면서 사납게 소리쳤다.

"비켜!"

명안이 급히 반대쪽 풀숲으로 비켜나자, 그는 후다닥 산을 뛰어 내려갔다. 명안이 놀란 가슴을 부여잡고 말했다.

"깜짝이야. 저 사람 왜 저렇게 사나워?"

엄마가 명안을 향해 엄한 목소리로 말했다.

"애초에 네가 길 한가운데를 그렇게 막고 있으면 안 되는 거잖아."

하지만 아빠는 고개를 내저었다.

"아무리 그래도 저렇게까지 사납게 말할 필요는 없지. 저 사람 대체 뭐가 저렇게 급한 거지?"

불쾌한 일을 잊기 위해 명설은 화제를 바꾸었다.

"엄마, 이건 무슨 꽃이에요? 정말 예뻐요!"

엄마는 어깨를 으쓱했다.

"나도 잘 모르겠는데."

아빠가 지나가는 말투로 무심하게 말했다.

"잘 모르는 꽃들은 그냥 들꽃이라고 해."

명안은 아빠의 건성건성한 태도가 못마땅했다.

"그건 너무 억지 아니에요? 안 되겠다. 진 선생님께 물어봐야지. 생물 선생님이시니까 이런 꽃 이름도 다 아실 거야."

그때 명설이 고개를 갸우뚱하며 물었다.

"근데 너 휴대전화 신호 잘 터져? 난 아까 식당에서 친구에게 전화하고 싶었는데, 신호가 하나도 안 잡히던데?"

명안은 휴대전화를 자세히 들여다보았다.

"여긴 신호가 충분히 세."

그래서 명안은 조금 전 찍은 사진 여러 장을 진 선생님에게 보냈다. 얼마 지나지 않아 진 선생님이 답장을 보내왔다. 명안이 찍은 꽃들은 이란월도$^{Alpinia\ x\ ilanensis}$(외떡잎식물 생강목 생강과에 속하는 여러해살이풀─옮긴이)인데, 산강(국화과에 속하는 여러해살이풀─옮긴이)과 프라이씨월도^{Alpinia pricei}(생강과에 속하는 대만 고유종 여러해살이풀—옮긴이)의 천연 교배 신품종이라고 했다.

궁금증을 해결한 뒤 그들은 계속해서 샛길을 따라 올라갔다. 그런데 몇 백 미터쯤 올라갔더니 고등학생처럼 보이는 웬 여자아이가 길가에 누워 신음하고 있었다. 여자아이는 얼굴에 피를 흘리고 있었고 옷은 흙투성이였다. 엄마는 급히 다가가 여자아이를 일으켜 세우고는 무슨 일이냐고 물었다. 여자아이는 힘없는 목소리로 띄엄띄엄 말했다.

"방금… 어떤 남자가 제 핸드백을 훔치려 했어요…. 제가 핸드백을 뺏기지 않으려고 잡아당기니까… 그 남자가 저를 마구 때렸고… 결국 핸드백을 뺏기고 말았어요. 지금… 온몸이 아파서… 도저히 못 일어나겠어요…."

엄마는 그녀를 일으키려고 했다. 하지만 여자아이는 전혀 일어나질 못했다. 아빠는 그녀가 심각한 부상을 입었다는 것을 깨닫고 어쩔 수 없이 소방서에 전화해서 구조를 신청했다. 조금이라도 시간을 벌기 위해서 아빠는 여자아이를 등에 업고 산에서 내려가기로 했다. 가뜩이나 산길이 좁은 데다 사람까지 업고 내려오느라 아빠는 한 걸음씩 천천히 내려갈 수밖에 없었다.

제3폭포 앞쪽에 있는 길은 그런대로 평탄하고 넓었다. 명설 가족이 그곳에 도착했을 때는 이미 구급차가 도착해서 그들을 기다리고 있었다. 여자아이가 조금 진정된 듯 보이자 명설이 그녀에게 물었다.

"핸드백을 훔쳐 간 사람이 혹시 회색 상의에 주황색 운동복 바지를 입고 머리를 뾰족하게 빗어 올리지 않았나요?"

여자아이는 깜짝 놀라며 고개를 끄덕였다.

"그걸 어떻게 알아요?"

"그 남자가 아까 우리 옆으로도 지나갔거든요. 이 사람 맞는지 한번 볼래요?"

명설은 자신의 휴대전화 갤러리에서 사진 한 장을 열어 여자아이에게 보여주었다.

"그 남자 얼굴을 확대해서 확인해 볼래요?"

여자아이는 몇 초 동안 사진을 꼼꼼히 들여다보더니 단호하게 말했다.

"맞아요. 이 사람이에요. 제 핸드백에 돈이 400만 원이나 들어 있었는데, 이 사람한테 다 빼앗겼어요."

명설은 자신감에 찬 말투로 그녀를 위로했다.

"걱정하지 마세요. 이렇게 사진이 찍혔으니까 반드시 범인을 붙잡을 수 있을 거예요."

소방대원은 재빨리 여자아이를 구급차에 태우고 사이렌을 울리며 병원으로 갔다.

"그 남자 사진은 언제 찍은 거니?"

엄마가 명설에게 물었다.

"일부러 찍은 건 아니고요. 그냥 길가에 핀 꽃이 예뻐서 저도 명안이처럼 사진을 찍고 있었는데, 뜻밖에도 그 사람이 빠른 속도로 달려오다가 우연히 제 카메라에 잡힌 거예요."

엄마는 명설의 휴대전화를 건네받아 자세히 살펴보았다.

"근데 이것 좀 보렴. 이 사람 검은색 배낭은 메고 있지만, 핸드백은 가지고 있지 않아. 혹시 그 여자아이가 사람을 잘못 본 거 아닐까?"

명설이 단호하게 말했다.

"핸드백을 배낭 안에 넣었겠죠. 우리가 산길에서 본 사람은 이 남자뿐이니까 틀림없을 거예요!"

아빠가 명설이를 재촉했다.

"그러면 그 사진을 빨리 이웅 아저씨에게 보내서 신원을 확인해 보라고 해."

명설과 명안은 아빠의 지시에 따라 사진을 형사반장인 이웅에게 전달하고, 사건 발생 지점과 경과를 자세히 말해주었다.

그 후 명설 가족은 걸어서 주차장으로 돌아온 후에 곧바로 고속도로를 올라탔다. 가는 길에 명안이 말했다.

"아빠, 인터체인지로 나가서 경찰서에 들렀다 가면 안 돼요?

범인이 잡혔는지 알고 싶어서요."

아빠는 고개를 끄덕였다. 여자아이가 다친 것을 직접 목격한 아빠도 수사 상황이 몹시 궁금했다. 엄마도 계속해서 강조했다.

"그렇게 나쁜 사람은 반드시 법으로 다스려야 해."

경찰서 앞에 도착한 그들은 감식 전문가인 지안이 입구에 서 있는 것을 발견하고는 달려가서 그녀에게 이웅 반장이 있는지 물어보았다.

"이웅 반장이 너희에게 받은 사진과 경찰 파일을 대조해서 용의자를 찾아냈어. 남자 이름은 소지원이고, 절도 전과가 있대. 반장님이 곧바로 용의자 집으로 출동해서 집 앞에서 그 남자를 체포했어."

그러자 옆에 있던 엄마가 무척 기뻐했다.

"그것참 잘 됐네요. 역시 하늘이 다 지켜보고 있다니까요."

지안이 쓴웃음을 지으며 말했다.

"그런데 그게 간단하지 않아요. 이웅 반장이 소지원과 그의 차에서 핸드백이나 돈을 찾지 못했거든요. 소지원이 메고 있던 검은색 배낭에는 달랑 새 휴대전화만 들어 있었어요. 오늘 다른 곳에서 바람을 쐬고 집으로 왔다고 주장하고 있고요. 더 큰 문제는 그 사람 아버지가 현지 의원인데, 경찰 수사를 적극적으로 방해하고 있대요."

"그 남자가 핸드백은 길에 버리고 그 안에 있던 돈으로 새 휴대전화를 샀을지도 모르잖아요."

명안의 말에 지안이 고개를 끄덕였다.

"그럴 수도 있겠지. 하지만 그걸 추적하려면 대단히 번거로워져. 일단은 증거를 보전해야 해서 이웅 반장에게 용의자를 즉시 이곳으로 데려와 증거를 수집할 수 있게 해달라고 했어. 여기서 그들을 기다리고 있었어."

그때 사이렌을 울리며 경찰차 한 대가 경찰서 주차장으로 들어섰다. 그 뒤로 기다란 검은색 리무진도 뒤따라 들어왔다. 이웅이 압송한 소지원과 함께 경찰차에서 내렸다. 소지원은 여전히 회색 상의에 주황색 바지를 입고, 파란색 신발을 신고 있었다.

뒤따라 들어온 리무진에서는 양복을 단정하게 차려입은 중년 신사가 내렸다. 그는 차에서 내리자마자 이웅을 향해 노발대발하며 말했다.

"감히 내 아들을 구금하다니! 만약 범행 증거를 찾지 못하면, 장담하는데 내가 가만있지 않을 거요."

지안은 즉시 앞으로 나와 그들을 맞이했다.

"의원님, 진정하세요. 증거를 수집할 시간을 몇 분만 주시면 곧바로 아드님을 이곳에서 데리고 나가실 수 있습니다. 의원님도 실험실로 들어오시죠."

명설이 명안에게 조용히 말했다.

"감식관님 말투 좀 봐. 뭔가 속셈이 있는 것 같아. 우리도 따라가 보자."

지안은 뜻밖에도 아이들을 막기는커녕 오히려 안으로 들어오라며 손짓을 했다.

실험실로 들어온 후 지안은 소지원의 옷을 솔로 쓸어내린 다음, 그 솔을 시험관에 넣고 돌렸다. 또 소지원에게 신발을 높이 들어 올리라고 하더니 주걱으로 신발 밑에 묻은 흙을 긁어냈다. 이어서 지안은 또 다른 솔을 꺼내더니 명안에게 말했다.

"너도 사건 현장 근처에 있었기 때문에 너한테서도 똑같이 증거를 수집해야 해."

마지막으로 지안은 세 번째 솔을 꺼내며 의원에게 말했다.

"증거 비교 대조에 필요한 샘플을 의원님에게서도 수집하겠습니다."

그러자 의원은 눈을 부릅뜨며 말했다.

"당신 지금 나까지 의심하는 거요? 난 하루 종일 지역구를 돌아다녔고 그걸 증언해 줄 유권자도 많아요!"

지안은 친절하게 웃으면서 말했다.

"오해하지 마세요. 하루 종일 다른 곳에 계셨기 때문에 비교할 가치가 있는 거니까요."

의원이 끊임없이 욕설을 퍼붓는 가운데, 지안은 무사히 증거 수집에 성공했다. 할 일을 끝낸 뒤에 지안은 의원에게 말했다.

"그럼 두 분은 접견실에서 좀 앉아 계시겠어요? 제가 곧바로 이 증거물들을 분석해서 결과를 알아보겠습니다."

이웅은 직원을 불러 커피를 가져다 달라고 부탁한 뒤, 의원에게 소파에 앉으라고 권했다. 옆에 있던 경찰에게는 소지원을 잘 지키라고 지시하고는 발길을 돌렸다.

30분 후, 지안이 접견실에 들어와 소지원에게 말했다.

"우리 감식과에 화분학 전문가가 있습니다. 그 사람이 당신과 명안의 옷, 바지, 신발 바닥에서 이란월도의 꽃가루를 검출해 냈어요. 하지만 당신 아버지 몸에서는 그런 꽃가루가 나오지 않았어요. 그러니 당신은 오늘 확실히 거기에 있었어요."

소지원은 우물쭈물 말했다.

"꽃가루…? 겨우 꽃가루 가지고 내 죄를 확정할 수 있다고요? 내가 있었던 협곡에도 똑같은 꽃이 있을 수 있잖아요!"

지안이 말했다.

"그럴 수도 있겠죠. 그런데 당신 몸에서 나온 꽃가루는 세 가지고, 명안의 몸에서는 훨씬 더 많은 꽃가루가 나왔어요. 게다가 어떤 것은 매우 희귀한 꽃가루였어요. 왜냐하면 명안이 오늘 푸산 식물원에 갔었거든요. 당신은 가지 않았고요. 이 계절에

꽃이 피는 식물은 그 꽃가루가 주변에 흩어져 있게 돼요. 그런 환경에 노출된 사람에게 묻을 수밖에 없죠. 그러니까 우리는 당신에게서 채취한 세 가지 꽃가루의 조합으로 당신이 어디에 다녀왔는지, 또 어디에 가지 않았는지를 알 수 있어요. 당신이 있었다고 주장하는 협곡에서 자라는 꽃의 종류는 우펑치에서 자라는 꽃과 다르겠죠. 범행을 인정하지 않는다면, 제가 내일 그곳에 가서 꽃가루 샘플을 채취해 비교해 보면 됩니다. 진실이 밝혀지는 건 시간문제예요. 당신이 범행을 저질렀다면 절대로 빠져나갈 수 없다는 뜻이죠."

그때 이웅이 다시 접견실로 돌아왔다.

"번거롭게 그럴 필요 없어. 내가 방금 그 지역 경찰에게 사건 현장을 수색해 달라고 했거든. 그 결과 근처 정자에서 버려진 여자 핸드백을 발견했어. 핸드백에 묻은 지문을 확인하고 있으니 조금만 기다리면 결과를 알 수 있을 거야."

그러자 소지원이 고개를 숙이며 말했다.

"검사하실 필요 없습니다. 핸드백은 제가 빼앗았으니까요. 여자아이가 비싼 핸드백을 메고 혼자서 산길을 걷고 있기에 순간 욕심이 나서 그만 강도질을 했어요."

의원은 바람 빠진 공처럼 의자에 털썩 주저앉았다.

"이 녀석, 집에 돈이 없는 것도 아닌데 왜 남의 것을 뺏어?"

이웅이 분주하게 소지원의 진술서를 작성하는 동안, 지안은 명설 가족을 경찰서 입구까지 배웅했다. 명설과 명안은 지안이 꽃가루만으로 사건을 해결하는 것을 보고 정말 대단하다며 추켜세웠다. 지안이 부드럽게 웃으며 말했다.

"실은 너희가 놀러 가서 찍은 사진에서 이란월도를 봤거든. 또 너희 진술을 종합해 보니, 명안이 범인과 마주쳤을 때 둘 다 풀숲에 발을 디딘 적이 있더구나. 그걸 듣고 힌트를 얻어서 명안이와 소지원의 몸에 묻은 꽃가루와 신발에 묻은 흙을 체취해서 비교해야겠다고 생각한 거야. 대개 이런 강도들은 절대로 들키지 않을 거라고 생각하면서도, 자신의 행동이 반드시 흔적을 남긴다는 사실은 오히려 모른단다."

사건 너머의 과학

화분학은 꽃가루, 포자 등 미세한 식물 입자를 연구 하는 학문이다. 꽃가루는 사건 해결에 유용한 도구다. 예를 들어 이 이야기에서처럼 용의자 몸에 묻은 꽃가루의 종류에 따라 그 가 특정 장소를 출입했는지의 여부를 증명해 낼 수 있다. 이 밖에도 식물 마다 꽃이 피는 시기가 각각 다르므로 용의자나 증거물이 있었던 장소의 계절을 판단하는 데도 사용할 수 있다.

꽃가루는 상품 원산지를 판정하는 데에도 사용될 수 있다. 가령 축산업 왕국인 뉴질랜드 꿀벌은 유럽 꿀벌과 다르게 부저병(꿀벌 유충이 발육 도중에 죽어 서 썩는 전염병—옮긴이)에 쉽게 걸리지 않는다. 이는 그들이 외래 농산물을 통해 전염병이 유입되는 것을 막기 위해 노력하기 때문이다. 뉴질랜드에서는 일 찍이 원산지가 의심스러운 수입 옥수숫가루 4통을 적발하기도 했다. 샌프 란시스코의 배로 운송된 것이었지만, 안에 든 꽃가루로 미뤄 보아 중국산 으로 추정되었다.

여섯 번째 사건

'유황'이 남긴
범죄의 흔적

오늘은 수요일, 명안의 학교에서는 황금 박물관으로 야외 참관 수업을 나갔다.

목적지에 도착해 버스에서 내린 후, 선생님은 학생들에게 황금 박물관과 태자빈관(일제 강점기 때 일본 황태자의 진과스 시찰을 위해 임시로 지었던 호텔—옮긴이)을 돌아볼 예정이라고 말했다. 그러면서 혹시 대열에서 이탈하더라도 두 시간 안에는 반드시 버스로 되돌아와야 한다고 당부했다. 이미 그 두 곳에 가본 적이 있던 명안은 다른 구경거리를 찾아 혼자 돌아다니는 편이 낫겠다고 생각했다.

같은 반 친구인 리라는 따로 구경 다닐 거라는 명안의 말을 듣고는 그와 함께 가고 싶어 했다.

"너, 그거 알아? 진과스 탄광은 폐광된 지 오래되었는데, 그곳을 탐사한 외국 전문가들이 지하에 아직 금광이 있다는 걸 발견했대!"

리라가 큰 비밀을 이야기해 주는 것처럼 작은 목소리로 말했다.

"정말이야?"

명안은 믿기지 않았다.

"정말이야. 못 믿겠다면 내가 보여줄게."

리라는 휴대전화로 인터넷에 접속해서 관련 뉴스를 찾아냈다.

진과스는 수십 년 전 일찍이 금 채굴의 요충지로, 전성기에는 연간 2톤에 달하는 황금을 생산하며 '황금성'이라는 명성을 얻었다. 5년 전, 호주의 한 광업회사와 지질학자가 진과스를 탐사했는데, 그곳 지하에 아직도 41조 원의 가치가 있는 금광이 있다는 의견을 내놓았다. 그 소식이 전해지자, 좀도둑들이 기승을 부려 5년 동안 산발적인 도굴이 끊이질 않았으며, 6억~14억 원 이상의 금광이 도굴된 것으로 추정된다.

"와! 41조 원의의 금광이라고? 우리가 찾을 수 있다면 좋겠다."

명안은 저도 모르게 흥분했다. 리라도 신이 난 듯 들뜬 목소리로 말했다.

"나도 너랑 같이 갈래. 만약 금광을 찾으면 우리 공평하게 반으로 나누자."

두 아이는 동화 같은 환상에 빠져 탐험의 성과를 나누겠다고 약속했다. 그러고는 일행에서 몰래 빠져나와 태자빈관 옆쪽 오솔길을 통해 산으로 올라갔다. 두 아이는 금광이 어디 있는지도 모르면서 무작정 산을 돌아다녔다. 잡초들이 곳곳에 가득했다. 걷다 보니 어느새 관광 명소와 관광객들의 시끄러운 소리와 멀어졌다. 얼마 후, 커다란 나무 아래에 도착한 리라는 숨을 헐떡이며 말했다.

"잠깐 쉬자! 다리가 시큰거려."

명안과 리라는 나무 밑에 앉아서 두런두런 이야기를 나누면서 변화무쌍한 구름을 느긋하게 바라보았다. 그러다가 명안이 문득 저 멀리 산비탈에 초가지붕을 올린 듯 보이는 집 하나를 발견하고는 이렇게 제안했다.

"우리 저기까지 올라가 볼래?"

두 아이는 그길로 곧장 산비탈을 올라가 그 집 앞에 도착했다. 가까이에서 보니 나무로 만들어진 집이었다. 나무집 벽에 묻은 얼룩덜룩한 흔적들을 보니 오랜 세월의 침식을 거친 듯 보였다. 지붕은 명안이 멀리서 봤던 것처럼 초가로 덮여 있었다.

명안은 나무집 벽 틈으로 안을 들여다보았다. 집 안에는 수많은 물건이 쌓여 있었다. 명안은 조금 수상쩍게 여기며 말했다.

"이런 낡은 나무집 안에 물건이 왜 저렇게 많지?"

명안은 혹시나 하는 생각에 문을 한번 밀어보았다. 그런데 뜻밖에도 문이 스르륵 열렸다.

"주인 허락도 없이 남의 집에 들어가면 안 돼."

리라는 명안을 말렸지만, 명안은 이미 집 안으로 한 발짝 들어간 뒤였다. 명안은 뒤돌아보며 리라에게 말했다.

"이렇게 낡은 집에 주인이 있을 리 없어. 게다가 우린 잠깐만 들여다보고 나올 거잖아. 겁나면 너는 밖에서 기다려."

리라는 명안이 들어가는 것을 보고는 마지못해 따라 들어갔다. 창문이 없어서 집 안은 몹시 어두웠다. 명안이 휴대전화 플래시를 켜자 곧바로 밝은 빛이 뿜어져 나왔다. 두 아이는 그제야 나무집 안쪽 상황을 똑바로 볼 수 있었다.

안에는 이상한 기계 두 대가 놓여 있었다. 하나는 나선형으로 생긴 칼날과 날카로운 가시로 가득한 원통으로, 위에 잘게 부서진 돌들이 놓여 있었다. 또 다른 하나는 검고 반짝이는 거품이 가득 들어 있는 홈통(물 등을 받아서 배출시키는 반원형의 통이나 관을 일컬음—옮긴이)인데, 위에 노란색 가루가 약간 묻어 있었다. 공기 중에는 독특한 냄새가 가득했다.

홈통 옆쪽에 놓인 공급용 호퍼(곡물, 사료 등을 담아 아래로 내려보내는 데 쓰는 V자형 용기—옮긴이)를 발견한 리라는 호기심에 그것을 잡아당겨 보았다. 그러자 연한 노란색 가루가 거기서 떨어져 나와 리라의 몸에 뿌려졌다. 리라는 급히 손으로 가루가 털어내며 연신 소리쳤다.

"윽, 메스꺼워!"

명안은 벽 쪽에 있던 통의 뚜껑을 열어 손으로 내용물을 꺼내 보았다.

"와! 통 안에 그런 가루가 잔뜩 들어 있어."

그때 명안과 리라는 어지러움을 느꼈다. 두 아이는 얼른 밖으로 나가 집 옆에 있는 수도꼭지를 틀어 몸에 묻은 가루를 물로 씻어냈다. 깨끗이 씻고 나자 선생님이 정한 집합 시간이 가까워져 있었다. 리라는 명안을 재촉하여 서둘러 산비탈을 내려갔다.

명안과 리라가 주차장에 도착했을 때, 선생님은 단단히 화가 난 표정으로 버스 앞에서 그들을 기다리고 있었다.

"너희 둘, 대체 어디 갔다 온 거야? 집합 시간을 까먹었니?"

"아니요…."

명안은 둘이서 몰래 뒷산을 탐험하고 왔다고는 차마 말할 수 없었다.

"… 박물관과 태자빈관을 너무 열심히 둘러보느라 시간 가는 줄 몰랐어요."

"다 같이 점심을 먹어야 하는데 너희 때문에 일정을 다 망칠 뻔했어."

식당 예약 시간에 더 이상 늦으면 안 되기 때문에 선생님은 두 아이를 일단 버스에 태웠다. 하지만 선생님의 화는 금방 가라앉지 않았다.

"너희 두 사람, 학교에 가면 일주일 동안 당번 서는 벌을 줄 거야."

명안과 리라는 자신들의 잘못을 잘 알았기에 아무런 대꾸도 못 한 채 선생님의 처벌을 그냥 받아들였다.

목요일인 다음 날, 명안과 리라는 학교에 가자마자 당번이 되어 칠판을 닦거나 바닥을 청소하는 등 책임지고 할 일을 했다. 점심시간에는 급식 배달도 도맡아 했다.

선생님은 반 아이들이 모두 급식을 받은 것을 확인한 후 자리에 앉아서 식사를 하려고 했다. 그러다가 명안과 리라가 아무것도 먹지 않고 책상에 엎드려 있는 것을 발견했다. 선생님은 두 아이를 불렀다.

"왜 밥을 안 먹니?"

선생님은 두 아이가 벌로 당번을 서는 게 기분 나빠서 밥을 먹지 않는다고 생각했다. 선생님의 물음에 리라가 눈물을 뚝뚝 흘리며 말했다.

"배가 아파요."

명안은 손으로 배를 문지르며 말했다.

"저도요."

"너희들 아침에 뭘 먹었니?"

두 사람은 고개를 내저었다. 선생님은 아무것도 먹지 않은 아이들이 배탈이 날 리 없는데도 어떻게 동시에 배가 아플까 생각하면서 그들을 다그쳤다.

"그래도 조금이라도 먹어! 너무 배가 고프니까 아픈 거 아닐까?"

하지만 명안과 리라는 먹고 싶어 하지 않았다.

"속이 울렁거리고 입맛이 없어서 아무것도 먹기 싫어요."

그런데 얼마 지나지 않아 두 아이가 세면대로 달려가더니 토하기 시작했다. 아이들은 먹은 게 하나도 없어서 신물만 내뱉었다. 그제야 당황한 선생님은 급히 아이들 부모에게 연락을 취했다.

엄마는 전화를 받자마자 회사에 반차를 낸 뒤 학교로 달려갔다. 엄마는 명안을 병원에 데리고 가려고 했지만 명안은 한사코 가지 않으려고 했다.

"머리도 아프고 피곤해서 그냥 집에 가서 자고 싶어요."

엄마가 걱정스러운 듯 말했다.

"알았어. 그럼 일단 집으로 가서 잠을 좀 자렴. 하지만 깼을 때도 여전히 불편하면 곧바로 병원에 가는 거다!"

명안은 힘없이 고개를 끄덕였다.

엄마는 명안을 데리고 집으로 갔고, 리라의 아빠도 아이를 데리고 집으로 갔다.

명안은 저녁때가 되어서야 일어났다. 다행히 더 이상 토하지는 않았다. 명안은 과자 몇 조각과 바나나 한 개를 먹었다. 하지만 여전히 속이 울렁거려서 먹고 난 후에는 침대로 돌아가 계속 잠을 잤다. 먹은 음식물이 목구멍으로 넘어오는 듯 속이 불편해서 잠도 제대로 오지 않았다.

셋째 날인 금요일, 잠에서 깬 명안은 손목 쪽 피부가 조금 가렵다고 느꼈다. 다행히 불편했던 속은 많이 가라앉았다. 하지만 아빠는 마음이 놓이지 않아서 학교에 전화를 걸어 명안이 하루 결석하겠다고 말한 뒤 명안을 병원에 데려갔다.

의사가 명안의 과거 병력에 대해 자세히 물었다. 아빠는 명안이 그동안 속이 메스껍다거나 소화가 잘 안 된다거나 위장이 아프다고 한 적은 없었으며, 지난 1년 동안 비스테로이드성 항염증제(진통 작용, 해열 작용, 항염증 작용이 있는 약들을 말함—옮긴이)를 복용한 적도 없다고 대답했다. 의사는 이것저것 물어보았지만 좀처럼 진단을 내리지 못했다. 그때 아빠의 휴대전화로 학교 선생님이 전화를 걸어왔다. 선생님은 리라도 오늘 결석했다면서 이렇게 말했다.

"두 아이 모두 수요일에 있었던 야외 참관 수업에서 대열을 이탈한 적이 있는데, 이렇게 동시에 탈이 났어요. 혹시 두 아이가 따로 돌아다니다가 뭔가 비위생적인 음식을 먹은 건 아닐까요?"

아빠가 선생님이 의심하는 부분을 의사에게 전달하자, 의사는 고개를 내저었다.

"아이 증상을 보면 배탈이 난 것 같지는 않습니다. 만약 식중독이었다면 하루가 지난 뒤에 아프지는 않았을 거예요. 하지만 두 아이가 무리에서 빠져나왔을 때 접촉한 무언가와 관련이 있는 것으로 보입니다. 음, 일단 소변 검사를 해봐야겠어요. 아이와 잠시 밖에서 대기하면서 이것저것 물어보세요. 그때 어디에 갔었는지, 뭘 보고 뭘 만졌는지를 말이에요. 소변 검사 결과가 나오면 다시 부르겠습니다."

검사 통을 데스크에 전달한 뒤에 아빠는 명안을 한쪽으로 데리고 가서 진지한 표정으로 말했다.

"단체 행동 중에 제멋대로 이탈하는 것은 매우 위험한 행동이야. 그러면 안 돼!"

명안은 고개를 푹 숙이며 잔뜩 움츠러든 목소리로 말했다.

"저도 잘못했다는 거 알아요. 다음부턴 안 그럴게요."

아빠는 한숨을 내쉬며 말했다.

"너를 혼내려는 건 아니야. 그때 리라와 어디에 갔었는지 솔직히 말해보렴. 그래야 의사도 네가 무엇 때문에 탈이 났는지 알 수 있단다."

명안은 더 이상 숨길 수 없어서 그날 일을 하나도 빠짐없이 털어놓았다. 아빠는 이야기를 들으면서 고개를 내저었다.

"말도 안 돼. 네가 개별 행동을 했을 뿐만 아니라 남의 집에도 제멋대로 들어갔다니."

"하지만 거긴 버려진 집이었고 주인도 없었어요."

명안은 해명하고 싶었다.

"설령 주인이 없더라도 그렇게 함부로 들어가면 안 되지!"

아빠는 정색하고 혼을 냈다. 그때 간호사가 그들에게 진료실로 들어와 결과를 확인하라고 말했다. 진찰실로 들어가니 의사가 진지한 표정으로 검사 결과를 들여다보고 있었다.

"방금 저희가 소변으로 확인할 수 있는 항목 중에 2-티오티아졸리딘^{thiothiazolidine}-4-카복실산, 간단히 말해 TTCA라는 항목이 들어 있었습니다. 그런데 결과를 보니 아이의 소변에 TTCA가 존재하네요. 농도는 리터당 4밀리그램 정도 되고요. 이건 따로 치료할 필요는 없습니다. 천천히 대사(몸 밖에서 들어온 물질을 몸 안

109

에서 분해하고 합성하여 필요한 물질이나 에너지는 생성하고 필요하지 않은 물질은 몸 밖
으로 내보내는 작용—옮긴이)되면서 점차 농도가 낮아질 테니까요. 그
런데 한번 생각해 보세요. 이건 두 아이가 개별 행동을 한 지 이
틀이 지나서 검사한 결과입니다. 그러니까 애초에는 TTCA 농
도가 매우 높았을 겁니다."

"선생님, 소변에서 TTCA가 나온다는 건 어떤 의미입니까?"

의학에 관해 잘 알지 못하는 아빠가 물었다.

"이황화탄소 중독입니다. 이황화탄소가 인체 내에서 대사 작
용을 거치면서 TTCA를 생산할 수 있기 때문입니다."

"이황화탄소요?"

의사는 고개를 끄덕이며 말했다.

"일반적으로 이황화탄소 중독은 인조섬유를 생산하는 근로자
들에게서 가장 많이 발생합니다. 어린아이에게 이황화탄소 중
독이 발생하는 경우는 매우 드뭅니다."

의사의 말에 아빠는 명안이 들려준 상황을 떠올리며 무언가
를 깨달은 듯 자리에서 벌떡 일어났다.

"이제 알겠군요! 감사합니다. 선생님."

아빠는 더 이상 설명을 듣지 않고는 놀란 표정의 의사를 뒤로
한 채 명안을 데리고 진료실을 나왔다. 의사가 따로 치료할 필
요는 없다고 말했기에, 아빠는 곧바로 명안을 데리고 택시를 타

고는 이웅이 있는 경찰서를 찾아갔다.

경찰서에서 아빠는 명안에게 나무집의 위치를 이웅에게 자세히 설명하라고 했다. 상황을 전해들은 이웅은 여전히 갈피를 잡지 못하고 물었다.

"그게 대체 무슨 말이야?"

"누군가 거기서 금을 몰래 채굴하고 있다는 말이야. 오래된 광산은 모두 대만탕예공사(대만에서 농산업 규모가 가장 큰 기업 중 하나—옮긴이) 소유라서 누구도 몰래 들어가 채굴할 수 없어. 명안은 불법 채굴업자가 금광을 추출하는 곳에 실수로 들어간 거야."

이웅이 또 질문을 하려 하자 아빠가 재촉했다.

"얼른 그곳을 수색해야 해. 내 추측에 그 집에는 불법 채굴에 관한 증거들이 많이 있을 거야. 만일 불법 채굴업자가 자기 집에 누군가 들어왔던 걸 눈치라도 챘다면 당장 증거를 없애려고 하겠지. 그러면 그 사람을 체포하기 어려워질 거야."

명안은 집으로 돌아온 후에도 여전히 기운이 없어서 줄곧 침대에 누워 잠을 잤다. 아빠는 리라 아빠에게 전화를 걸어 아이를 병원에 데리고 가서 소변 속 TTCA의 농도를 확인해 보라고 말해주었다.

저녁 무렵에 학교를 마치고 돌아온 명설은 아빠가 말해준 명안의 진찰 결과를 듣고는 호기심을 보였다.

111

"이황화탄소라고요? 중학교 다닐 때 배웠어요. 선생님은 유황이 물에는 잘 녹지는 않지만, 이황화탄소에는 녹을 수 있다고 했어요. 하지만 독성이 너무 강하고 휘발성도 강해서 무척 위험하다고 말씀하셨어요. 그래서 설명만 들었지, 따로 실험하지는 않았어요."

아빠는 고개를 끄덕였다.

"그렇지. 흄후드가 없다면 실험하지 않는 게 좋아."

"의사가 명안이 이황화탄소에 중독됐다고 진단을 내렸을 때, 아빠는 왜 그 나무집이 금광을 추출하는 곳이라고 생각하셨어요?"

아빠가 웃으면서 말했다.

"내가 문제 하나 낼까? 너 부유선별법이라고 들어봤어?"

"네, 어떤 금속 광물을 갈아 가루로 만들어 물에 넣으면 금속 분말이 물밑으로 가라앉아요. 거기에 계면활성제를 넣고 기포를 주입하면 금속 광물 가루는 쓸모없는 모암(풍화를 받지 않아 흙의 기본이 되는 암반—옮긴이)과 친수성(물 분자와 쉽게 결합하는 성질—옮긴이)이 달라 수면 위로 떠오르죠. 물밑으로 가라앉는 모암은 버리면 되고요. 그런 방법으로 금속 광물을 골라낼 수 있어요."

아빠는 고개를 끄덕였다.

"맞아. 교과서에서 배운 걸 잘 기억하고 있구나."

"아, 참! 비누나 세제도 모두 계면활성제예요. 그러니까 명안이 봤다던 거품은 계면활성제에 의해 만들어진 것이군요."

명설은 알 것 같다가도 또 곰곰이 생각하면 아닌 것 같기도 했다.

"하지만 아이들은 현장에서 비누나 세제를 찾지 못했잖아요! 설마 호퍼 통 안에 든 연한 노란색 가루가 부유선별법에 사용되는 계면활성제일까요?"

"내 추측에는 그게 일종의 크산틴산염 같아."

명설은 고개를 갸우뚱했다.

"그게 뭐예요? 들어본 적이 없어요."

아빠는 종이에 크산틴산염 통식(같은 종류의 화합물 분자 조직을 나타내는 화학식—옮긴이)을 썼다.

"크산틴산염은 일반적으로 $ROCS_2M$의 화학식을 지닌 염을 가리켜. 이 중 R이 가리키는 건 알킬기이고, M은 나트륨이나 칼륨 등의 금속을 대표하지. 이름에서 알 수 있듯이 이런 종류의 물질은 노란색을 띠는데, 아무래도 명안이 만진 연노랑 가루가 그것 같아."

명설은 화학식을 보면서 말했다.

"오, 알겠어요. 크산틴산염의 R쪽은 물을 싫어하는 소수성 끝부분이고, 음전기를 띤 쪽은 물을 좋아하는 친수성 끝부분이군요. 친수성 끝부분은 물 쪽으로 들어가고, 소수성 끝부분은 물이 싫어 공기 쪽으로 들어가죠. 그러니까 크산틴산염이 바로 거품을 쉽게 만드는 계면활성제였네요."

아빠는 흐뭇해서 저도 모르게 박수를 보냈다.

"꽤 어려운 내용이고 교과서에는 크산틴산염이 나오지도 않는데 그걸 알아내다니, 정말 대단해."

명설은 쑥스러우면서도 기분이 좋았다.

"헤헤, 중학교에서 비누의 세척 원리에 대해서 배웠는데, 크산틴산염의 계면활성제 원리가 비누와 똑같네요. 그런데 명안이 중독된 이황화탄소는 어디서 난 거예요?"

아빠는 자신이 쓴 화학식을 가리키며 말했다.

"이 화학식을 보면 C와 S가 있는데, 이것이 물을 만나면 CS_2가 방출돼. 그게 바로 이황화탄소야."

"그렇군요. 하지만 명안은 거품을 만지지 않았잖아요."

"너 이황화탄소가 휘발성이 큰 액체라는 걸 잊었니? 바꿔 말하면 이황화탄소는 쉽게 기체로 변할 수 있단다. 그래서 명안이 들어간 집에 이황화탄소 냄새가 가득했던 거야. 이황화탄소는 에테르와 유사한 특이한 냄새를 풍겨. 어떤 사람들은 그걸 향기롭다고도 말하는데, 아빠는 좋아하지 않아. 더 심각한 점은 아이들이 호퍼와 통 속에 담긴 가루를 만졌다는 거야. 물로 크산

턴산염을 씻어낼 때 아마 이황화탄소가 만들어졌겠지. 그게 아이들이 중독된 주요 원인일 거야."

아빠의 말이 끝나자마자 이웅에게 전화가 걸려왔다.

"정보를 제보해 줘서 고마워. 자네 말대로 그 집에서 도굴의 증거를 많이 찾아냈어. 공교롭게도 증거를 수집하고 있을 때 도굴꾼들이 돌아와서 붙잡혔지."

아빠는 웃으면서 말했다.

"내 추측이 맞았군. 아무튼 그 사람들도 소변 검사를 받게 하는 게 좋겠어. 만약 안전 조치를 충분히 취하지 않았다면 그들도 중독됐을 수 있으니까."

아빠가 전화를 끊자 명설이 깜짝 놀라며 되물었다.

"앗! 그렇다면 금광에서 부유선별법 작업을 하는 노동자들도 모두 중독되는 거 아니에요?"

"정식으로 부유선별법 작업을 하는 노동자들은 면직물 작업복을 입고 겉에 종이 작업복을 덧입어야 해. 그리고 고무장갑과 방독면을 착용하지. 그래도 중독 가능성은 있어서 자주 건강검진을 해야 한단다. 명안과 리라가 이번에 천방지축으로 돌아다닌 건 정말 위험한 행동이었어. 나중에 건강이 좀 회복되고 나면 단단히 타일러야겠어."

사건 너머의 과학

부유선별법은 계면활성제를 함유한 물에 공기를 주입해 거품을 만든 다음, 금속 분말이 그 거품에 흡착되고 거품이 점점 커다랗게 부풀어지면서 결국 수면에 뜨면, 물 밑에 가라앉은 쓸모없는 모암과 그것을 분리하는 방법이다. 이 기술은 현재 산업계에서 광물을 분리하거나 농축하는 것 외에도 폐수를 처리하거나 펄프를 다시 제조하는 일 등에도 널리 사용된다.

부유선별법은 장점이 많다. 미국 환경보호청의 연구에 따르면, 납이 함유된 폐수를 처리할 때 부유선별법을 사용할 경우 기존의 화학 침전법의 절반 미만의 비용만 든다고 한다.

수국이 가르쳐준
유괴범의 거처

　교실 환경 미화 심사를 앞두고 명안과 리라는 방과 후에 남
아 한 시간 정도 교실을 꾸미다가 학교를 나왔다. 두 사람은 집
이 서로 다른 방향이었기에, 명안은 교문을 나오자마자 손을 흔
들며 리라에게 작별 인사를 하고 집으로 향했다. 그런데 명안이
몇 걸음 가지도 않았을 때, 갑자기 리라의 비명 소리가 들렸다.
명안이 화들짝 놀라 뒤를 돌아보니 두 명의 괴한이 리라를 억지
로 검은 승용차에 태우더니 어디론가 유유히 가버렸다.

　명안은 급히 교문 앞 경비실로 달려가 경비원 아저씨에게 신
고해 달라고 부탁한 뒤, 휴대전화로 아빠에게 그 사실을 알렸다.

　얼마 후, 이웅 반장이 현장에 도착해 명안에게 물었다.

"납치범의 얼굴을 똑똑히 봤니?"

명안은 고개를 내저었다.

"뒷모습만 보고 얼굴은 못 봤어요. 한 사람은 곱슬머리에 말랐고요. 또 한 사람은 피부가 희고 통통했어요. 상고머리를 하고 있었고요. 두 사람 모두 검은색 코트를 입고 있었고 옷깃을 세우고 있었어요."

이웅은 실망하며 재차 물었다.

"차는? 넌 차에 대해 잘 알잖아. 차종과 번호판은 봤니?"

"자동차 번호판과 차종은 절대 놓치지 않고 보는데, 그 차는 번호판이 가려져 있었어요."

얼마 후 리라 아빠도 현장에 도착했다. 그는 다급해서 몹시 허둥거렸다.

"리라 휴대전화에 위치 추적 기능이 있습니다. 문자메시지를 보내면 딸이 있는 곳의 좌표를 보내주죠. 그런데 방금 문자를 보냈더니 학교에 있다고 되어 있어요."

"학교? 그럴 리 없어요. 리라가 납치되는 걸 분명 내 눈으로 똑똑히 봤는데."

명안은 이렇게 중얼거리면서 사방을 살펴보았다. 그러다가 학교 담장 옆 풀숲에서 리라의 휴대전화를 발견했다.

이웅은 인상을 쓰며 말했다.

"납치범들이 제일 먼저 리라의 휴대전화부터 던져버린 모양이군요. 아주 교활한 상대를 만난 것 같습니다."

리라 아빠의 얼굴이 하얗게 질렸다.

"그럼 어떡하죠?"

이웅은 그를 위로하며 말했다.

"납치 사건은 보통 돈을 요구하죠. 특히 리라 아버님은 유명한 호텔을 운영하고 계시기 때문에 납치범들의 표적이 될 수 있어요. 일단 호텔로 돌아가서 납치범들의 전화를 기다리죠. 제가 경찰을 보낼 테니 경찰 지시에 따라주십시오. 나머지는 저희가 알아서 처리하겠습니다. 요즘 과학 기술로는 발신지 추적이 어렵지 않습니다. 만약 납치범이 휴대전화로 전화를 건다면 기지국에서 수집한 데이터를 바탕으로 어느 지역에서 전화를 걸었는지 추정할 수 있어요."

이웅은 현장에 남아 단서를 찾기로 했고, 그의 부하인 린 경관은 리라 아빠와 함께 그가 경영하는 호텔로 돌아가기로 했다. 그들과 함께 가고 싶었던 명안이 리라 아빠에게 물었다.

"아저씨, 저도 함께 가서 리라 소식을 기다려도 될까요?"

명안이 리라의 가장 친한 친구라는 사실을 잘 알고 있는 리라 아빠는 고개를 끄덕였다.

"그래, 너희 부모님이 동의하신다면 그렇게 하렴."

명안은 리라 아빠의 차에 탄 뒤 휴대전화로 부모님에게 전화를 걸어 납치 사건에 대해 말했다. 엄마 아빠도 명안이 돕는 것을 허락했다.

호텔로 돌아온 후, 린 경관은 호텔 전화와 리라 아빠의 휴대전화로 발신지를 추적할 준비를 했다. 과연 3시간 후에 납치범이 리라 아빠의 휴대전화로 전화를 걸어 딸의 몸값으로 10억 원을 요구했다. 리라 아빠는 린 경관의 지시에 따라 납치범에게 리라와 통화하게 해달라고 부탁했다. 그러자 납치범이 비웃는 듯한 말투로 말했다.

"그건 걱정 말아요. 내일 당신이 몸값을 지불하기 전에 당신 딸이 무사하다는 증거를 보내줄 테니까."

"하지만 10억 원은 결코 적은 액수가 아닙니다. 여러 은행을 돌며 돈을 인출해야만 그렇게 큰 금액을 현금으로 마련할 수 있어요."

"그건 나도 압니다. 그래서 돈을 마련할 시간을 충분히 줄 겁니다. 내일 오후 4시에 다시 전화하겠습니다."

납치범은 그렇게 말하고 전화를 끊어버렸다. 린 경관은 고개를 내저었다.

"방금 그 전화는 타이난시 룽치구에 있는 공중전화로 건 모양입니다. 현지 경찰에게 즉시 출동해서 납치범을 찾으라고 지시했는데, 납치범은 이미 그 자리를 떠나고 없더랍니다."

그때 이웅이 급히 호텔로 들어섰다.

"학교 근처의 CCTV들을 살펴봤는데, 납치범이 카메라가 설치된 곳을 피해 이동해서 추적이 불가능합니다. 리라 아버님, 일단 납치범의 지시에 따라 내일까지 돈을 마련하세요. 납치범이 돈을 가지러 오면 저희가 그때 범인들을 체포해서 재판에 넘기겠습니다."

이어서 이웅은 명안에게 말했다.

"오늘 밤에 납치범은 더 이상 어떠한 행동도 하지 않을 거야. 그러니 집으로 돌아가렴. 아저씨가 데려다줄게."

명안은 간절히 부탁했다.

"내일도 납치범을 잡는 일에 참여하고 싶은데, 그래도 되나요?"

이웅이 따뜻한 미소를 지으며 말했다.

"그럼 이렇게 하자. 내일 오후에 내 차를 함께 타고 다니는 거야. 그러면서 언제든지 의견을 주렴."

다음 날 오후, 이웅이 호텔 회의실에서 납치 전담반 회의를 주재하고 있을 때 명안이 명설과 함께 그곳으로 들어왔다. 이웅이 웃으며 두 사람을 반겼다.

"우리 두 명의 어린 탐정이 친구를 구할 기회를 절대로 놓치지 않을 거라고 생각했어. 그래서 너희를 위해 두 자리를 남겨 뒀단다."

남매가 자리에 앉자, 이웅은 곧바로 부하들에게 지시를 내렸다.

"내가 룽치구 경찰에게 그들 관내에 있는 빈집들을 조사해 달라고 부탁했는데 아무 수확이 없었어. 이번 납치범은 매우 영악해서 분명 유인책을 써서 우리 경찰들을 속이고 돈을 가져갈 거야. 그러니까 우리는 반드시 우리 시의 각 파출소와 긴밀히 협조해서 그때그때 상황에 잘 대처해야 해. 린 경관, 자네는 호텔에 남아 납치범들의 전화 위치를 추적해. 가능하다면 인근 경찰망에 빨리 알려서 도주로를 막아야 하니까. 나는 경찰차가 아닌 일반 차량을 타고 다니면서 리라 아버님의 뒤를 바짝 따라다닐게. 후 경관은 오토바이를 타고 내 뒤를 따라다니며 그때그때 상황에 대응해. 리라 아버님이 휴대전화 통화 감청에 동의했으니까, 우리 모두 납치범과 리라 아버님의 통화를 동시에 들을 수 있어. 더불어 내 지시도 들을 수 있지."

그때 리라 아빠의 휴대전화가 울렸다. 그는 스피커폰 버튼을 눌러 모든 경찰이 납치범의 말을 들을 수 있도록 했다.

"리라 아버님, 돈은 준비됐나요?"

"네, 준비됐습니다. 그런데 제 딸이 무사한지는 어떻게 확인하죠?"

"사람을 보내서 호텔 우편함을 확인해 보세요. 거기에 딸이 무사하다는 증거와 돈을 건넬 방법이 들어 있을 겁니다."

납치범은 냉정하게 그렇게 말하고는 곧바로 전화를 끊었다.

리라 아빠는 즉시 우편함으로 달려갔다. 그곳에는 리라가 한 손에는 파란 수국 꽃다발을, 다른 한 손에는 신문을 들고 있는 사진 한 장이 들어 있었다. 리라가 들고 있는 신문 1면에는 오늘 자 개각 뉴스가 실려 있었다. 리라의 표정은 매우 차분했고 겁에 질린 기색은 없었다. 사진 뒷면에는 이렇게 적혀 있었다.

"즉시 돈을 가지고 나와서 호텔 앞 큰길을 따라 직진하시오. 그러다가 오른쪽 갓길에 사진 속 꽃다발이 보이면 즉시 차를 세우고 돈을 건네시오. 돈을 받은 사람을 미행하면 안 됩니다. 만약 그 사람이 저녁 7시까지 돈을 가지고 돌아오지 않는다면 나는 리라를 그 즉시 죽일 겁니다."

리라 아빠는 조금 안심이 된 듯 차분하게 말했다.

"리라가 험악한 대우를 받지 않은 것 같아서 다행이군요. 딸이 무사히 돌아올 수만 있다면 돈은 얼마를 줘도 상관없어요."

리라 아빠는 그렇게 말하고 나서 돈 가방을 차에 싣고 사진에 적힌 곳으로 차를 몰았다.

린 경관도 발신 위치를 알아냈다.

"또 공중전화입니다. 하지만 이번에는 우리 지역에서 전화를 걸었어요."

이웅은 자신만만하게 말했다.

"납치범이 이미 이 근처에 와서 돈을 가져갈 준비를 하고 있군. 절대로 그자를 놓치지 않겠어."

이웅은 서둘러 명설과 명안을 불러 차에 태우고 리라 아빠의 차를 뒤따라갔다. 또 다른 젊은 경찰 한 명은 오토바이를 타고서 일부러 거리를 조금 둔 채 두 사람을 따라갔다.

차 안에서 명설이 명안에게 말했다.

"명안아, 너 예전에 우리가 양밍산에 수국 구경하러 갔을 때 아빠가 무슨 질문을 했는지 기억나?"

명안은 고개를 끄덕이면서 빨강, 보라, 파랑 등 다양한 색깔의 수국들을 봤던 그때의 기억을 떠올렸다. 그 당시 호기심이 발동한 명안은 농장 주인에게 수국 색깔이 다양한 이유가 품종이 다르기 때문인지 물었다. 농장 주인이 의기양양하게 대답했다.

"아니야. 이 수국들의 품종은 완전히 똑같아. 수국은 토양의 산도와 알칼리도에 따라 다른 색을 띨 수 있거든. 그래서 수국을 재배할 때, 일부러 각 구역의 흙에 서로 다른 첨가물을 뿌리지. 예를 들어 석회나 커피 찌꺼기나 달걀 껍데기 같은 것들을 뿌려. 그렇게 하면 토양의 산도와 알칼리도가 달라져서 그곳에서 피어나는 수국의 색깔도 달라진단다."

명안은 그 말에 흥분해서 또 물었다.

"그럼 만약 제가 이 꽃을 사서 집으로 돌아가 산도와 알칼리도가 다른 물에 담가두면 꽃 색깔이 달라지나요?"

농장 주인은 고개를 내저었다.

"그렇게 한 적은 없어. 꽃 색깔은 실험실의 리트머스 시험지처럼 변색시키려 한다고 당장 변색되는 건 아니야. 내 경험상 다른 색깔의 꽃을 보려면 토양의 성질을 바꾸고 약 1년이 지나야 해."

명설과 명안이 그런 이야기를 주고받자 이웅이 장난스럽게 물었다.

"이렇게 긴박한 순간에 설마 너희 둘, 한가롭게 꽃 색깔 이야기나 하고 있는 거야?"

명설이 단호하게 말했다.

"그건 당연히 아니죠. 납치범이 남긴 사진 속에 리라가 들고 있는 수국의 색깔이 파란색이었는데, 아저씨는 못 보셨나요? 저는 그게 우리에게 어떤 단서를 제공할 수 있을지 생각하는 중이에요."

이웅은 대수롭지 않게 여기며 말했다.

"같은 농장에서도 얼마든지 다양한 색깔의 수국을 재배할 수 있으니까 그건 그다지 유용한 단서는 아닌 것 같구나. 그리고 납치범이 리라에게 꽃다발을 안겨준 이유는 어린 리라를 달래기 위해서고, 한편으로는 리라 아버지에게 돈을 건넬 장소를 알려주기 위한 증표로 삼으려는 거겠지."

그때 리라 아빠의 차가 어떤 다리 위로 접어들었다. 다리 아래로 좁은 자전거 도로가 나 있었다. 리라 아빠는 망설임 없이 다리 위로 올라갔고, 이웅도 그 뒤를 따랐다. 그 후 그들은 곧바로 다리 난간에 놓인 파란색 수국 한 다발을 발견했다. 리라 아빠는 얼른 그 자리에 차를 세우고 돈 가방을 챙겨 꽃다발 옆으로 갔다.

꽃다발에는 이렇게 적힌 쪽지 한 장이 붙어 있었다.

"다리 밑으로 돈을 던지시오."

리라 아빠는 지시대로 돈 가방을 다리 밑으로 던질 수밖에 없었다. 이웅이 차를 세우며 부하에게 소리쳤다.

"납치범이 다리 밑에서 돈을 받아 그대로 튀려고 했군. 자동차는 다리 위에서 쉽게 방향을 바꿀 수 없으니까 말이야. 후 경관, 자네는 다리 위로 올라오지 말고 다리 밑으로 가서 납치범을 잡아."

명설과 명안은 급히 차에서 내려 다리 난간 옆으로 뛰어갔다. 다리 아래쪽 자전거 도로에서 하얗고 통통한 중년 남자 한 명이 갑자기 뛰쳐나와 돈 가방을 주워 들더니 자전거를 타고 재빨리

달아났다. 명안이 흥분해서 소리쳤다.

"저 사람, 제가 어제 본 범인이랑 덩치가 비슷해요."

후 경관의 오토바이가 재빠르게 자전거 도로로 진입했다. 경찰차 안 무전기에서 후 경관의 목소리가 들려왔다.

"반장님, 도착했습니다. 용의자를 즉시 체포할까요?"

"체포해."

후 경관은 오토바이를 타고 중년 남성을 바짝 뒤쫓으며 그에게 멈추라고 소리쳤다. 하지만 남자는 오히려 더 빨리 자전거를 몰았다. 그러다가 속도를 이기지 못하고 결국 길가에 있는 큰 바위에 세게 부딪히고 말았다. 남자의 몸 전체가 위로 튕겨 올랐다가 곧바로 땅바닥으로 떨어지더니 꼼짝도 하지 않았다. 후 경관은 곧바로 오토바이에서 내려 용의자를 몸으로 누른 뒤, 수갑을 꺼내 그에게 채우려고 했다. 그때 뭔가 불길함을 느낀 후 경관이 예상치 못했던 소식을 무전기로 전해왔다.

"반장님, 뭔가 이상합니다. 용의자의 숨이 끊어진 것 같아요."

"뭐? 어떻게 그런 일이?"

사람들은 모두 놀라 서로 얼굴만 쳐다보았다. 그 순간 리라 아빠는 유일한 단서가 끊겨 리라를 끝내 찾을 수 없게 될까 봐 가슴이 무너져 내렸다. 후 경관은 혹여 무리한 추격으로 소송에 휘말리지 않을까 두려웠다. 얼마 전에도 무장 괴한의 차량이 사람들을 덮치는 것을 막기 위해 총을 쐈다는 이유로 법관에게 실형을 선고받은 경찰이 있었기 때문이다. 이웅은 후 경관을 안심시키며 말했다.

"걱정하지 마. 내가 이미 구급차를 불렀어. 어쩌면 그를 살릴 수 있을지도 몰라. 자넨 내 지휘에 따라 용의자를 추격한 것뿐이고, 모든 게 합법적이었어. 책임은 내가 질 거야. 게다가 용의자는 자전거를 타고 가다가 혼자 넘어졌잖아. 걱정할 필요 없어."

얼마 후 구급차가 도착했다. 구급대원은 용의자의 생명 징후를 확인하더니 고개를 저었다.

"가망이 없습니다. 병원으로 급히 이송할 필요는 없겠어요."

이웅은 후 경관에게 지시했다.

"주머니 안에 신분증이나 휴대전화가 있는지 확인해 봐."

안타깝게도 주머니에는 아무것도 없었다. 이웅은 단호하게 말했다.

"지금 가장 중요한 것은 이 사람한테서 리라가 있는 장소를 알아낼 수 있냐는 거야. 용의자의 시신을 즉시 감식과에 보내서 지안에게 감식하게 하고 조그마한 단서라도 있는지 확인해 보라고 해. 지안에게 서두르라고 말해줘. 7시 전까지 찾지 못하면 리라가 위험해."

구급대원은 즉시 구급차를 이용해 시신을 실험실로 옮겼다.

비록 돈은 되찾았지만 리라 걱정에 마음고생이 심한 리라 아빠는 일단 호텔로 돌아가 잠시 쉬면서 경찰에게 소식이 오기를 기다리기로 했다. 명설과 명안은 다음 수사 과정이 궁금해서 이웅의 차를 타고 함께 경찰서로 돌아가기로 했다. 출발하기 전에 명설은 다리 난간에 있던 꽃다발 사진을 찍은 후, 그것을 챙겨서 차에 올라탔다. 이웅이 그런 명설을 보며 대견해 했다.

"내가 깜빡할 뻔했구나. 이제 이 꽃다발도 중요한 증거물이 되었어."

명설과 명안이 감식과에 도착했을 때, 지안은 증거 수집 작업을 하고 있었다. 그녀는 우선 용의자의 지문을 채취하여 컴퓨터 데이터베이스에 조회했다. 그 결과 지문의 주인은 이름이 주홍우이며, 전과가 많고, 석 달 전에 출옥했음이 밝혀졌다. 이어서 지안은 컴퓨터 단층촬영으로 시신 상태를 확인했다. 용의자의 목과 가슴 척추에 많은 골절이 있었다.

"목뼈가 부러져 척수에 손상을 입어서 사망했어요. 관절 유착성 척추염이 있었던 것으로 의심됩니다. 반장님, 그의 진료 기록을 확인해 보세요. 제 판단이 맞는지요."

이웅은 즉시 부하에게 주홍우의 병력과 감옥에 있을 때 만난 사람들을 알아보라고 지시했다. 그때 명설이 꽃다발을 내밀며 다급하게 말했다.

"병력을 조사하면 그 사람의 사인만 밝혀질 뿐이잖아요. 지금 그것보다 중요한 것은 리라가 있는 곳을 찾는 거예요. 이 꽃들이 푸른색을 띠는 것은 틀림없이 토양의 성질 때문일 거예요. 그것으로 리라의 은신처를 추적할 수 있을지도 몰라요."

지안은 꽃다발을 싼 포장지를 풀고 그 뿌리를 관찰했다.

"음, 흙이 남아 있는 것을 보니 꽃집에서 산 게 아니라 범인이 직접 딴 것일 수 있어! 그렇다면 참고할 가치가 있겠다. 내가 꽃잎 한 장과 이 흙들을 채취해 화학 실험을 해볼게."

그때 명설 아빠가 실험실 안으로 들어섰다.

"너희가 집에 안 들어오니까 엄마가 나더러 가보라고 하더구나. 지금 상황은 좀 어떠니?"

명설의 설명을 들은 후 아빠는 지안에게 말했다.

"분석 항목에서 알루미늄 농도도 살펴보게."

지안은 고개를 끄덕이고는 실험실로 들어가서 분석을 진행했다. 명안은 아빠가 왜 그런 제안을 했는지 궁금했다.

"아빠, 꽃 색깔은 산성도의 문제 아닌가요? 알루미늄 농도는 왜 분석해야 하나요?"

"겉으로 보기엔 산성도 문제 같지만, 실은 알루미늄 문제야. 토양이 충분히 산성화가 되어야 알루미늄이 뿌리로 흡수되어 수국 전체로 퍼지면서 꽃 색깔에 영향을 줄 수 있거든."

"그것참 신기하네요! 생각해 보니 그건 토양이 만약 중성 또는 약알칼리성이면 알루미늄 이온이 수산화알루미늄을 침전시켜 물에 잘 녹지 않기 때문에 당연히 뿌리로 흡수될 수 없는 원리 때문인 것 같아요. 토양이 산성이면 물속 수산화물 이온이 적어 알루미늄 이온이 침전되지 않기 때문에 물에 잘 녹아 뿌리로 흡수될 수 있는 거고요."

아빠는 명안의 설명에 고개를 끄덕였다.

"맞아, 그럼 한 가지 더 물어볼까? 지각에 가장 많이 들어 있는 금속은 뭐지?"

"알루미늄이요!"

명설이 큰 소리로 대답했다. 화학 선생님이 지각에서 함량이 가장 많은 네 가지 원소는 산소, 규소, 알루미늄, 철이라고 여러 번 언급한 적이 있었다. 앞의 두 원소는 비금속이므로 지각에 가장 많이 들어 있는 금속은 알루미늄인 것이다.

"맞아. 알루미늄은 지각에 약 7퍼센트 함유되어 있는데, 백만 분의 농도로 환산하면…."

"7만 ppm이에요. 정말 대단하죠!"

명설이 앞질러 대답했다. 아빠가 고개를 끄덕였다.

"다행히 알루미늄은 중성이나 약알칼리성에서는 물에 잘 녹지 않기 때문에 실제로 식물에 흡수되는 알루미늄은 그리 많지 않

아. 실험에 따르면, pH가 5보다 적을 경우 토양 속의 알루미늄 농도가 급격히 상승해. 그 때문에 일부 원예 전문가들은 아예 토양에 직접 황산알루미늄을 첨가하기도 한단다. 그렇게 하면 토양의 pH 값을 낮추고 알루미늄 이온 농도를 동시에 높일 수 있어서 수국을 파란색으로 바꾸는 데 훨씬 효과적이거든."

아빠의 말이 끝났을 때 지안이 분석을 끝마치고 실험실에서 나왔다.

"이 꽃잎의 알루미늄 이온은 500ppm에 달하네요."

때마침 린 경관도 보고했다.

"주홍우에게 확실히 관절 유착성 척추염 병력이 있었어요. 감옥에 있을 때 장장원이라는 사람과 한방을 썼는데, 그 사람도 6개월 전에 출소했답니다. 그의 고향은 타이난시 관톈구이며, 현재 농장을 운영하고 있습니다."

명설이 인터넷을 검색해 보니, 과연 관톈구에 황산알루미늄을 제조하는 화학 공장이 하나 있었다. 명설은 벽에 걸린 시계를 보며 초조하게 말했다.

"납치범의 첫 번째 전화가 타이난에서 걸려왔고, 사진 뒤에는 7시까지 돈을 받은 사람이 반드시 돌아가야 한다고 쓰여 있었어요. 시간 계산을 해보면 타이난을 은신처로 추정해도 될 것 같아요. 서둘러요, 이웅 아저씨! 즉시 타이난 경찰에게 장장원의 농장으로 가서 아이를 구하라고 알려야 해요!"

얼마 지나지 않아 좋은 소식이 전해졌다. 타이난 경찰은 장장원의 농장에서 리라를 구출했다. 알고 보니 장장원은 명안이 목격한 곱슬머리의 괴한이었으며, 황산알루미늄을 만드는 화학 공장은 농장 바로 옆에 있었다. 농장은 공장에서 나오는 폐수로 수국에 물을 대었기 때문에 그곳에 심은 수국의 색은 모두 파란색이었다.

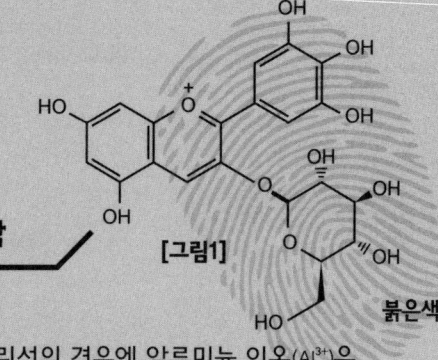

[그림1]

붉은색

사건 너머의 과학

중성 또는 약알칼리성의 경우에 알루미늄 이온(Al^{3+})은 수산화알루미늄을 침전시킨다. 그래서 알루미늄이 뿌리에 흡수되지 않는다. 수국 속의 안토시아닌은 붉은색을 띠며, 그 구조는 그림 1과 같다. 그것이 현재 양전기를 띠는 것에 주목하자.

산성 토양에서 알루미늄 이온은 물에 녹아 수국 뿌리를 자극해 구연산염을 방출하고, 알루미늄 이온과 함께 착이온(어떤 금속 원자나 이온에 따른 분자나 이온이 결합하여 생긴 복잡한 구조의 새로운 이온—옮긴이)을 형성한다. 이 착이온은 뿌리로 들어가 식물 전체로 분산된다. 꽃잎에 들어간 알루미늄 이온은 안토시아닌과 상호 작용을 하여 착이온을 형성해 그림2처럼 파란색으로 변한다.

자세히 보면 이 형태의 안토시아닌이 H^+ 두 개를 잃었기 때문에 음전기로 변한 것을 알 수 있다. 그뿐만 아니라 원래 그림1의 붉은색 안토시아닌이 뒤집혀 그림2 구조 위에 포개어지면, 양전하와 음전하 사이에 전하 이동의 상호 작용이 발생한다. 즉 전자가 두 구조 사이에서 고동치게 된다. 이러한 작용으로 구조가 안정되고 흡수된 빛이 장파장으로 이동하면서 원래의 붉은색 구조마저 파란색으로 변하게 된다.

[그림2]

파란색

스테인드글라스와 함께 사라진 절도범

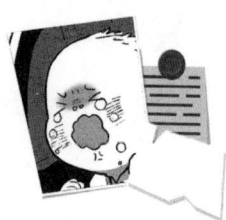

아빠가 올해 정월 대보름에는 사원에 꽃등을 보러 가자고 제안했다. 당연히 가족 모두가 대찬성이었다. 그런데 어제까지만해도 맑았던 날씨가 꽃등 구경을 가는 날 정오부터 갑자기 흐려지더니 비가 왔다. 하지만 아빠는 한번 결정한 일을 쉽게 바꾸지않는 성격인지라 명설 가족은 예정대로 사원을 향해 출발했다.

사원에는 상호 작용식 꽃등(관람객의 행동에 따라 불빛이 켜지거나 반짝이는 등 다채롭게 반응하는 꽃등—옮긴이)이 예전보다 많아졌다. 사실은 꽃등이 보이지 않을 정도로 모든 것이 새롭게 바뀌어서 불빛으로 만든 아름다운 디자인을 벽이나 바닥에 비추는 형태도 많았다. 그래서 관람객들이 동작을 취하면 화면이 곧바로 바뀌곤 했다.

꽃등 구경이 끝난 뒤, 명설 가족은 주차장으로 가서 떠날 준비를 했다. 그때 아빠가 제안했다.

"이왕 여기까지 왔으니 이곳에 있는 예술대학에도 가보자. 저 앞산을 등산할 때 반드시 예술대학을 통과해야 해야 하는데 저번에 가보니까 경치가 참 좋더라고. 종종 예술 공연이나 전시회도 볼 수 있어."

신기하게도 예술대학에 들어서자마자 비가 그쳤다. 명설과 명안은 대학 캠퍼스 안에 뜻밖에도 소가 있고 넓은 풀밭이 펼쳐져 있는 것을 발견하고는 기분 좋게 그곳을 뛰어다녔다. 어린아이를 데리고 놀러온 부모도 많았고, 유모차를 끌고 다니는 사람도 있었다.

명설 가족은 교내 미술관 근처를 걷다가 마침 미술관이 개방되어 있다는 사실을 알고는 들어가서 관람했다. 그날은 유리로 만든 예술품들이 전시되어 있었는데, 그중에서도 추상적인 조각상 하나가 그들의 관심을 끌었다.

그 조각품은 알록달록한 유리를 여러 겹 모아서 사람 모양으로 만든 조각상이었는데, 눈부시게 빛나는 스테인드글라스가 눈을 뗄 수 없게 만들었다.

많은 예술가가 자신의 작품에 서명 같은 표시를 남긴다. 예를 들어 세계적으로 유명한 화가 달리는 자신의 그림에 종종 뒤틀

린 시계를 그려놓았다. 대만의 어느 베테랑 화가는 한때 자신의 그림에 항상 소의 두개골을 그렸다. 말을 전문으로 그리는 어떤 여성 화가는 그림 속에 항상 사과를 숨겨놓고 그것을 관객들이 찾아보게 했다.

그날 유리 예술품을 전시한 예술가는 자신의 모든 작품 아래에 스테인드글라스 파편을 잔뜩 깔아놓았다. 그 때문에 작품들이 마치 채색된 흙에서 자라난 것처럼 느껴졌다.

그림을 감상하던 명안이 아빠에게 물었다.

"아빠, 우리가 흔히 보는 유리는 모두 투명하고 무색인데, 이 예술가는 어떻게 유리를 다양한 색으로 바꿀 수 있었을까요?"

아빠는 기회가 있을 때마다 화학 수업을 하듯 아이들을 가르치려고 했다.

"유리는 혼합물이야. 그중 함량이 높은 성분은 이산화규소, 산화나트륨(소다), 산화칼슘(석회)이지. 그래서 일반적인 유리를 소다 석회 유리라고도 해. 그런 성분들은 색이 없어. 따라서 이치대로라면 유리는 무색이어야 해. 하지만 유리의 불순물에는 종종 산화철(Ⅱ)이 포함되어 있단다. 그래서 유리는 약간 녹색을 띠지. 다음에 네가 두꺼운 유리를 볼 기회가 있다면 옆면을 봐. 보통 유리가 녹색을 띠는 건 바로 이런 이치 때문이야."

명안은 아빠의 긴 설명을 들으며 얼굴을 찡그렸지만, 아빠는 아랑곳하지 않고 계속해서 설명을 이어 나갔다.

"코발트를 함유한 화합물을 소량 첨가하면 유리를 파란색으로 만들 수 있어. 가장 좋은 것은 망간이야. 유리에 망간을 조금 첨가하면 철 때문에 띠는 녹색을 상쇄할 수 있지. 하지만 망간의 농도가 높아지면 유리는 보라색을 띠게 된단다."

그때 엄마가 더 이상 참지 못하고 말했다.

"자, 수업 그만하고, 저녁 먹을 식당을 좀 찾아봐요."

"아! 그건 걱정하지 마. 학교 안에 식당이 몇 군데 있는데, 두 곳은 꽤 고급스러워. 우리 그중 한 군데에서 식사를 하자!"

유리 색깔에 관심이 많은 명설은 식사 중에 아빠에게 다시 물었다.

"그러니까 유리로 만든 예술품이 다양한 색을 가질 수 있는 건 서로 다른 화합물을 첨가해서 유리를 만들었기 때문인가요?"

이번에도 아빠는 적극성을 보였다.

"아, 아까 하던 이야기 아직 안 끝났지! 철 때문에 띠는 녹색을 상쇄시키려면 유리에 검은색 이산화망간을 첨가하면 돼. 하지만 햇볕을 쬐면 자외선이 그것을 서서히 보라색 과망간산염으로 변화시킨단다. 하지만 이런 유리 제조법은 약 300년 전에 중단되었어. 그 때문에 현재 존재하는 자주색 유리는 종종 골동품으로 여겨지지. 예전에 내가 경매 사이트에서 보라색 유리잔을 본 적이 있는데, 판매 가격이 무려 2,000만 원이 넘더구나."

유리잔 하나가 그렇게 높은 가격에 팔릴 수 있다는 사실에 명설과 명안은 놀라움을 금치 못했다.

"쉿!"

엄마가 옆 탁자를 가리키며 말했다.

"그렇게 떠들다 아이 깨우겠어."

마침 명설 가족의 옆 테이블에는 젊은 엄마가 식사를 하고 있었고, 그 옆에는 유모차에 탄 아기가 곤히 잠들어 있었다.

저녁 8시가 넘어서 명설 가족은 식사를 끝마치고 식당을 떠나려고 했다. 마침 옆 테이블에 앉았던 젊은 엄마도 유모차를 끌고 그곳을 떠나려고 했다. 식당 종업원은 젊은 엄마를 위해 엘리베이터를 대신 잡아주었다.

주차장에서 아빠가 차 옆쪽으로 다가가 열쇠를 꺼내고 문을 열려고 할 때였다. 저 멀리 경사가 높은 곳에서 흰색 자동차 한 대가 갑자기 빠른 속도로 돌진해 오더니 유모차를 밀던 젊은 엄마를 들이받았다. 그 충격으로 젊은 엄마의 몸은 튕겨 나가고 유모차는 길가로 넘어졌다. 흰색 자동차는 그러고 나서도 속도를 전혀 줄이지 않고 계속해서 학교 정문을 향해 돌진했다. 경비실에 있던 당직 수위 아저씨가 뛰어나와 가드펜스 앞에 서서 두 손을 벌리고 차를 세우려고 했다. 하지만 그 차는 여전히 속도를 내면서 정문으로 돌진했다. 결국 수위 아저씨는 마지막 순간에 아슬아슬하게 그 자리를 피했다. 차는 가드펜스를 들이받고는 학교 밖으로 나가 좌회전을 하더니 산 아래로 달아나 버렸다.

명설은 넘어진 유모차 쪽으로 급히 달려가 안을 들여다보았다. 놀란 아기가 자지러지게 울고 있었다. 명설은 휴대전화 플래시를 켜고 아기의 부상 상태를 살폈다. 아기 몸에 핏자국은 없었는데, 뒤통수에 볼록하게 튀어나온 곳이 있었다. 만져보니 딱딱했다.

"혹시 내출혈일까?"

명설은 아기가 너무나 걱정스러웠다. 엄마도 쓰러진 젊은 엄마를 얼른 살펴보더니 다급하게 말했다.

"아기 엄마가 의식을 잃었어. 빨리 구급차를 불러야 해!"

명안이 가드펜스 쪽으로 다가가자 수위 아저씨가 손을 뻗으며 막아 세웠다.

"가까이 가지 마. 거긴 형사 사건 현장이야. 증거를 확보하기 전에는 사건 현장을 훼손하면 안 돼. 뺑소니 운전자는 미술관에 전시되어 있던 예술품을 훔쳐서 달아나던 중이었어. 난 경보기 소리를 듣고 그를 저지하려고 나온 건데, 이렇게 사고까지 내고 달아날 줄은 몰랐구나."

얼마 지나지 않아 구급차가 도착해서 교통사고를 당한 젊은 엄마와 아기를 태우고 병원으로 갔다. 형사반장인 이웅과 감식

과의 지안도 급히 현장에 도착했다. 사건을 목격한 명설과 명안은 범인을 도저히 용서할 수 없었다. 그래서 현장에 남아 이웅과 지안을 도와주기로 하고, 엄마 아빠에게는 먼저 집으로 돌아가라고 했다. 출구가 봉쇄된 상태여서 아빠는 수위 아저씨의 지시에 따라 진입로를 천천히 빠져나갔다.

뺑소니 교통사고와 미술품 절도라는 두 가지 범죄가 발생한 상황에서 신속한 수사를 위해 지안은 교통사고 현장의 증거 수색을 명설과 명안에게 맡기기로 했다.

"내가 전에 가르쳐 준 방법대로 의심스러운 증거는 무엇이든 다 수집하면 돼."

그러고 나서 이웅과 지안은 학교 측의 안내를 받아 미술관으로 들어가서 조사를 시작했다.

명설과 명안은 교통사고 현장에서 젊은 엄마의 귀걸이와 시계와 안경을 찾았다. 아이들은 부서진 가드펜스에서도 증거를 찾아보았다. 주위를 살펴보던 명설과 명안은 펜스 위에 흰색 페인트가 약간 묻어 있는 것을 발견했다. 충돌 순간에 자동차가 가드펜스에 긁히면서 묻은 것으로 짐작되었다. 펜스 아래에는 유리 파편도 남아 있었다. 명설과 명안은 지안이 가르쳐 준 방법대로 먼저 사진을 찍은 후, 일일이 그것들을 증거물 봉투에 넣었다. 긴급한 조사를 마친 뒤에 남매는 서둘러 미술관으로 갔다.

깨진 창문 앞에 쪼그리고 앉아 있던 지안은 명설과 명안이 오는 것을 보고는 아이들을 급히 제지하며 말했다.

"너무 가까이 다가오지 마. 내가 지금 유리 파편들의 낙하지점을 살펴보는 중이거든."

"오! 유리 낙하지점으로 어떤 정보를 알 수 있나요?"

명안이 호기심에 물었다.

"이것 봐. 실내에 떨어진 유리 파편이 실외보다 훨씬 많아. 그 말은 범인이 외부에서 강제로 창문을 깨고 실내로 들어왔다는 뜻이야. 만약 실내보다 실외에 유리 파편이 많으면 내부자가 범죄를 저지른 뒤에 일부러 안에서 창문을 깨고는 마치 밖에서 누군가 침입한 것처럼 꾸몄다는 뜻이 되지."

그때 관내 예술품을 점검하고 돌아온 미술관 직원이 이웅에게 결과를 보고했다.

"스테인드글라스 인간 조각상을 도둑맞았어요. 범인이 차에 싣고 간 것 같아요."

명설 가족이 가장 마음에 들어 했던 바로 그 작품이었다. 이웅이 심각한 표정으로 말했다.

"교문 앞 감시 카메라에 잡힌 화면을 보니 범인이 이미 차 번호판을 뗀 상태라 확인할 수 없었어. 명설과 명안이 수집한 증거를 보면 범인의 차는 가드펜스를 들이받으면서 전조등이 깨지고 페인트도 벗겨진 것 같아. 아마 조만간 자동차 정비소로 가서 수리를 하겠지. 난 시의 각 파출소 경찰에게 연락해서 관할 구역의 자동차 정비소에 가보라고 해야겠어. 전조등을 고쳤거나 도색을 새로 한 차가 있으면 추적하는 거지."

현재로서는 할 수 있는 일이 그것뿐이었다. 지안은 증거 분석을 위해 서둘러 실험실로 향했다. 명설과 명안도 도시철도를 타고 집으로 돌아갔다.

다음 날은 학교에 가야 했다. 명설과 명안은 학교에 가서 얌전히 수업을 들었다. 학교를 마치고 집으로 돌아와 저녁을 먹으면서 남매는 또다시 그 사건에 관해 이야기하기 시작했다.

"다친 아기 엄마는 정신을 차렸을까?"

"그 아기 몇 개월밖에 안 돼 보이던데, 머리에 혹이 나서 더 걱정이야."

엄마는 아이들이 밥도 먹는 둥 마는 둥 하는 모습을 보고는 화도 나고 우습기도 했다.

"일단 밥이나 제대로 먹어. 식사 후에 감식관님께 전화해서 물어보면 되잖아."

남매는 후다닥 밥그릇을 비우고 지안에게 전화를 걸었다. 전화를 받은 지안이 웃으면서 말했다.

"살아 있는 사람은 나에게 잘 오지 않으니까 자세한 건 나도 잘 모르는데, 소방대 기록을 보니까 엄마와 아기는 아직 병원에 있대."

"그렇군요. 부상이 얼마나 심각한지 알고 싶어서요."

부상자의 상태는 앞으로 범인의 형벌에 영향을 미칠 수도 있고, 어떤 증거물은 반드시 당사자에게 돌려줘야 하므로 경찰 측은 사고 당사자의 정보를 정확히 파악해야 했다.

"엄마는 이미 깨어났고, 아이도 무사해."

"무사하다고요? 분명히 아기 뒤통수가 크게 부어오른 것을 봤는데 정말 무사한 것 맞아요?"

명설이 믿을 수 없어 하며 다시 묻자 지안이 이해한다는 듯 웃으며 답했다.

"너만 그렇게 걱정한 건 아니야. 응급실 의사도 처음엔 그 부분을 걱정했어. 엄마는 혼수상태인 데다 아기는 말을 못 하니까 그 혹이 당연히 교통사고 때문에 생긴 것이라 생각했지. 하지만 정밀 검사 결과 그건 두혈종인 것으로 판명되었어."

"두혈종이요? 한자 뜻대로라면 머리에 피가 나고 부었다는 건데 심각한 게 아닌가요?"

"걱정할 것 없어. 출혈 부위가 두개골 골막 아래로 국한되어 있어서 뇌를 압박하지 않으니까. 신생아의 두혈종은 대개 분만을 할 때 아기 머리가 산모의 좁은 골반에 눌려서 생기는 거야.

대부분은 생후 몇 주 또는 몇 달이 지나면 자연적으로 사라져."

"그러면 자동차 사고와 무관하다고요?"

"그래. 운 좋게도 아기는 교통사고로 다친 곳이 없어. 하지만 범인은 여전히 절도와 뺑소니로 경찰의 추적을 받고 있지. 학교 측에서도 손해배상을 청구하기로 했어."

명안이 물었다.

"그럼 경찰 수사는 진전이 있나요?"

"없어. 현재 자동차 정비소들을 일일이 방문하면서 수사하고 는 있는데, 범인이 아직 차를 수리하지 않은 것 같아."

전화를 끊고 나서 명설과 명안은 차에 치인 아기 엄마와 아기 의 병문안을 가기로 했다. 그들에게 관심을 표하려는 것이기도 하지만, 혹시라도 사고 당시에 범인에게 뭔가 특별한 점은 없었 는지도 물어보고 싶어서였다.

명설과 명안은 도시철도역을 나오고 나서야 병문안에 필요한 선물을 깜박하고 사지 않았음을 알아차렸다. 명설이 제안했다.

"근처에 청과물 시장이 있어. 안에 큰 과일 가게들이 있으니 까 거기서 과일을 사면 저렴할 거야."

그들은 곧장 골목 안으로 꺾어 들어갔다. 저녁이라 청과물 시 장은 어두컴컴했고, 야식을 파는 몇몇 가게들만 영업하고 있었 다. 그런데 그때 골목 앞쪽에서 전조등을 하나만 켠 무언가가 그들을 향해 빠르게 달려오고 있는 것이 보였다. 아무래도 오토바이 같았다. 명설과 명안은 오토바이가 지나갈 수 있도록 오른쪽으로 약간 비켜섰다. 그런데 불빛이 점점 가까워지자, 남매는 그게 오토바이가 아니라 왼쪽 전조등만 켜진 자동차라는 사실을 알게 되었다. 그들은 급히 오른쪽으로 더 물러났다. 하마터면 차 옆면과 부딪칠 뻔했다. 운전자는 속도를 줄이지 않고 계속해서 앞으로 질주했다. 놀란 가슴이 채 가라앉지도 않은 명설이 명안에게 물었다.

"흰색 자동차네. 너도 봤어?"

명안은 확신하며 고개를 끄덕였다.

"차종도 똑같아. 이번에는 번호판을 확실히 봤어."

남매는 휴대전화로 급히 이웅에게 전화해 차번호를 알려주었다. 이웅은 컴퓨터로 조회해서 차 주인의 주소를 알아냈다.

"차 주인에게 이미 절도 전과가 있어. 바로 수색 영장을 신청해야겠다."

전화를 끊은 명설은 명안을 보며 다급하게 말했다.

"주소가 이 근처니까 우리도 가보자. 병문안은 내일로 미루는 게 좋겠어."

명설과 명안은 이웅이 말한 주소로 달려갔다. 이웅과 지안도 경찰 여러 명을 거느리고 그곳에 도착했다. 경찰은 수색 영장을 제시한 뒤, 그의 집 안으로 들어가 수색을 시작했다. 실내 인테리어는 매우 깔끔했고 도난당한 예술품도 보이지 않았다.

용의자는 머리카락 숱이 별로 없고 키가 작은 중년 남자였다. 그가 험상궂게 말했다.

"전조등 고장 난 게 큰 죄도 아닌데 이렇게까지 우르르 몰려와서 집을 뒤지다니, 내가 반드시 변호사를 고용해서 당신들을 고소할 거요."

그러자 아무 말 없이 흰색 자동차에서 증거를 수집하던 지안이 페인트가 벗겨진 부분을 가리키며 말했다.

"이 부분의 페인트를 좀 긁어서 분석한 뒤, 현장 가드펜스에서 수집한 페인트와 대조해 볼 겁니다. 자동차는 페인트칠을 하기 전에 프라이머 작업을 하는데, 그 성분에 수지(레진, 유기화합물 및 그 유도체로 이루어진 비결정성 고체 또는 반고체—옮긴이), 첨가제, 플라스틱이 포함되어 있어요. 동일 상표의 동일 배합 페인트가 아니라면 성분이 완전히 같을 수 없죠."

지안은 계속해서 말했다.

"보아하니 자동차를 이미 세차하신 것 같네요. 장물도 다른 곳에 숨긴 것 같고요. 그렇게 하면 당신은 경찰이 절대로 증거를 찾을 수 없을 거라고 생각했겠죠. 하지만 당신이 틀렸어요. 이것 봐요. 세차할 때도 당신은 교통사고로 깨진 유리가 자동차

라이트 프레임과 범퍼 틈새에 여전히 끼어 있을 거라고는 생각 못했을 거예요. 이것들은 가져가서 현장에 있던 증거물과 비교해 보겠습니다."

지안은 그렇게 말하면서 핀셋으로 파편을 집어 용의자에게 보여주었다. 이어서 그녀는 바닥에 흰 종이를 깔고 자동차 뒷문을 열어 매트를 꺼낸 뒤 그 위에서 힘껏 매트를 흔들었다. 그러자 스테인드글라스 조각 몇 개가 종이 위로 떨어졌다.

"이 조각들은 도난당한 예술품에서 나온 것이 확실해요. 그 예술가가 여러 작품에서 이런 스테인드글라스 조각을 사용했으니까요. 이것들을 실험실에 가져가서 예술가가 쓴 스테인드글라스와 같은지 원소 분석만 해보면 돼요."

증거가 너무나 명확해지자, 용의자는 예술품을 자신이 훔쳤다고 솔직하게 자백할 수밖에 없었다. 그는 장물을 은닉한 장소도 털어놓았다.

"난 그저 그 작품이 너무 마음에 들어서 훔쳤고 현장을 급히 빠져나오다가 실수로 사람을 친 것뿐입니다. 절대로 고의는 아니었어요."

이웅은 그에게 곧바로 수갑을 채우며 말했다.

"마음에 드는 물건은 돈을 주고 사야지 훔치면 안 되죠. 당신이 저지른 위법행위는 반드시 법의 심판을 받아야 합니다."

사건 너머의 과학

유리를 다양한 색으로 보이게 하는 방법은 여러 가지가 있는데, 가장 간단한 방법은 금속 이온을 첨가하는 것이다. 예를 들어 소량의 산화구리를 첨가하면 유리가 청록색을 띤다. 만약 니켈을 첨가하면 그 농도에 따라 유리가 파란색, 보라색 또는 검은색이 될 수도 있다. 고고학자들은 이집트인들이 18왕조(약 기원전 1550~1292년)에 망간을 함유한 이온성 화합물로 유리의 색을 바꿀 수 있었음을 발견했다.

금속 이온이 유리 속을 변화시켜 유리 색을 달라지게 할 수도 있다. 예를 들어 이산화망간을 함유한 유리는 자외선을 오래 쬐면 서서히 보라색으로 변한다. 현대의 포토크로믹 안경은 유리 렌즈에 은의 할로겐화물을 섞은 것이다. 렌즈가 햇빛을 받으면 나노미터급 은 원자를 생성해 렌즈의 색이 검은색으로 바뀌면서 자외선으로부터 눈을 보호한다. 실내로 들어오면 은 원자는 다시 할로겐화물로 변하고 렌즈도 다시 투명해진다.

사라진
금관의 행방

　토요일 점심시간, 명설 가족은 모처럼 온 가족이 모여 함께 밥을 먹었다. 식사가 끝나고 가족들은 모두 거실로 가서 텔레비전 뉴스를 보았고, 엄마 혼자만 주방에 남아 설거지를 하고 있었다. 그런데 얼마 지나지 않아 엄마가 아빠에게 도움을 요청했다.

　"이걸 어쩌죠? 싱크대 수도관이 막히는데 와서 봐주세요."

　안 그래도 며칠 전에 엄마는 싱크대 배수구의 물 빠지는 속도가 점점 느려지고 있으며, 아마도 음식 찌꺼기 때문에 막힌 것 같다고 불평했었다. 하지만 아빠는 바쁘고 귀찮기도 해서 그 문제를 곧바로 해결하지 않았다. 그러다 결국 배수구가 완전히 막혀버린 것이다. 설거지를 하다 만 더러운 물이 개수대 안에 가득 차서 넘치기 직전이었고, 수면에는 채소 찌꺼기도 둥둥 떠 있었다. 엄마는 참지 못하고 불만을 터뜨렸다.

"이렇게 막힐 것 같아서 엊그제 미리 말했는데 여태 해결을 안 했군요."

아빠는 변명의 여지가 없다는 것을 알고는 아무 말도 하지 않고 곧바로 공구를 가져와 개수대를 살펴보았다. 통상적으로 변기가 막히면 고무 압축기로 변기 배수구를 꽉 막았다 놓았다 하면서 공기의 압력 차를 이용해 막힌 것을 뚫는다. 지면 배수구가 막혔을 때는 대개 탄력성이 있는 금속 막대기를 구멍 안으로 넣어 막힌 곳을 뚫었다. 하지만 오늘은 두 가지 방법을 모두 시도했으나 여전히 막힌 배수구를 뚫지 못했다. 초조한 마음에 아빠의 얼굴에는 땀이 흘러내렸지만 개수대 물은 여전히 흘러내려 가지 않았다.

"어쩌지? 설거지도 아직 안 끝났는데!"

엄마는 씻다가 만 그릇들을 바라보며 걱정했다.

"물리적인 방법이 안 된다면 화학적인 방법을 써야지!"

아빠는 결국 자신이 가장 잘 아는 방법으로 문제를 해결하기로 했다.

"명설아, 마트에 가서 배수구 클리너 하나 사오렴."

명설은 그 즉시 전자레인지 위에 있던 잔돈을 챙겨 들고 밖으로 나갔다. 명안도 보고 있던 텔레비전을 끄면서 말했다.

"누나, 같이 가. 텔레비전 뉴스가 너무 지루해. 죄다 블랙박스 영상만 보여주고 있어."

마트에 도착한 명설은 재빨리 배수구 클리너를 찾아냈다. 둘은 물건을 사고 마트를 나와 집 쪽으로 걸었다.

그들이 일방통행 도로의 골목 어귀를 지나고 있을 때였다. 검은색 승용차 한 대가 신호를 받고 골목에 멈춰 섰다. 그런데 그때 흰색 모자와 검은색 마스크, 그리고 면장갑을 낀 두 사람이 갑자기 골목에서 뛰쳐나오더니 검은색 승용차와 벽 사이의 틈으로 뛰어드는 것이 보였다. 뒤에 있는 사람은 몸집이 좀 작고 모자 밑으로 웨이브 머리가 보이는 것을 보니 여자 같았다.

그녀는 갑자기 외투에서 망치를 꺼내더니 승용차 뒷좌석 유리를 힘껏 깨뜨렸다. 순간 꽝음이 났다. 명설과 명안은 깜짝 놀라 멈칫했다. 그때 앞에 있던 남자가 뜻밖에도 칼을 꺼내더니 남매에게 휘두르며 말했다.

"쓸데없는 일에 참견 말고 얼른 꺼져."

명설과 명안은 너무 놀란 나머지 발이 땅에 붙은 듯 오히려 꼼짝도 할 수 없었다. 그러거나 말거나 뒤에 있던 여자는 깨진 차창 안으로 손을 뻗어 검은색 트렁크 하나를 꺼내더니 그 남자와 함께 골목으로 달아났다. 검은색 승용차에 탄 운전자가 뒤를 돌아보며 물었다.

"사장님, 어디 다친 데 없으세요?"

뒷좌석에 앉아 있던 사람이 대답했다.

"괜찮아. 하지만 금관을 뺏겼어. 얼른 저놈들을 쫓아가 봐."

'금관?' 명설은 영문을 알 수 없었지만, 심각한 절도 사건임을 확신하고는 망설임 없이 휴대전화를 꺼내 경찰에 신고했다.

승용차 기사는 사장의 지시에 따라 급히 차에서 내려 골목 안으로 그들을 뒤쫓아 갔다. 명안도 그의 뒤를 따라갔다. 몇 분 뒤, 두 사람은 헐떡거리며 되돌아왔다. 명안이 고개를 내저으며 말했다.

"우리가 골목 반대편 끝까지 뛰어갔는데 이미 그 두 사람은 보이지 않았어. 아마 사람들 사이에 섞여서 도주한 것 같아."

그때 형사반장 이웅이 경찰들을 데리고 현장에 도착했다. 감식 전문가 지안도 증거를 수집하기 위해 그곳에 왔다. 명설은 이웅에게 사건 경과를 간단히 말해주었다.

"범인들은 챙이 넓은 모자와 마스크를 쓰고 있어서 얼굴을 알아볼 수가 없었어요. 손에 장갑을 끼고 있었으니까 아마 지문도 남아 있지 않을 거예요."

이웅은 경찰들에게 근처 가게들을 돌며 범인의 얼굴을 봤거나 행방을 아는 사람이 없는지 알아보라고 지시했다. 승용차에 탔던 사장과 운전기사, 그리고 명설과 명안은 진술서 작성을 위해 경찰서로 향했다.

경찰서에 도착하자 사장은 자신이 금관과학기술공사의 예 사장이라고 밝혔다.

"우리 회사 이름이 금관이라 그런지 요즘 사업이 잘 풀리더군요. 그래서 아예 진짜로 금관을 만들어서 우리 회사 쇼윈도에 전시를 해보면 어떨까 했어요. 그걸로 매스컴도 타고 회사 이름도 홍보하려고요. 우리는 금 예물을 전문으로 만드는 예술가 유아원 여사에게 우리 회사를 위한 금관 설계와 제작을 부탁드렸습니다. 오늘이 바로 그 금관을 받는 날이었고요…."

이웅이 사장의 말을 끊으면서 물었다.

"예술가가 그 골목에 살고 있습니까?"

운전기사가 대신 대답했다.

"네, 사장님이 그 골목으로 들어가라고 지시하셨어요. 사장님은 차에서 내려 그 예술가 집으로 들어가 금관만 받고 금방 나왔습니다. 그런데 골목 어귀에서 강도를 만날 줄은 생각도 못했어요."

이웅이 물었다.

"혹시 금관 값을 지불하기 위해 현금을 가져가셨나요?"

사장이 단호하게 고개를 저으며 대답했다.

"그럴 리가요! 금관은 전체를 순금으로 만들었기 때문에 재료비가 엄청납니다. 거기에다 예술가에게 지불할 사례금까지 합치면 액수가 어마어마하죠. 그래서 저희는 세 번에 나눠서 비용을 지불하기로 했습니다. 계약할 때 3분의 1, 절반쯤 제작했을 때 3분의 1, 그리고 오늘 물건을 받으면서 마지막으로 3분의 1을 지불하기로요. 모두 수표로 지불했고, 현금은 없었습니다."

이웅은 고개를 끄덕였다.

"만약 강도가 돈을 원했다면, 왜 현금이 아니라 금관을 빼앗으려고 했을까를 한번 생각해 봤습니다. 보아하니 범인은 당신들이 비용을 어떻게 지불하기로 했는지 알고 있고 현금을 갖고 있지 않다는 사실도 알았던 것 같습니다."

그때 지안이 증거 수집을 마치고 경찰서로 돌아왔다. 지안은 명설의 말처럼 범인들이 지문을 전혀 남기지 않았다고 말했다. 사고 현장 인근을 탐문하고 돌아온 경찰관들도 범인의 얼굴이나 도주로를 본 사람은 없었다고 진술했다. 상황 설명을 다 들은 명설이 말했다.

"제 생각에는 범인들이 범행 장소를 너무 잘 알고 있었던 것 같아요. 그 골목이 두 개의 간선도로와 연결되어 있다는 걸 알았던 거죠. 신호가 바뀌는 시간은 대개 차들의 유동량에 따라 결정되잖아요. 즉 차가 많이 지나가는 방향은 녹색 신호 시간이 길고, 차가 적게 지나가는 방향은 녹색 신호 시간이 짧죠. 경찰차가 도착하기 전에 제가 그 도로 양쪽의 녹색 신호등 시간을 재어봤어요. 간선도로에서 골목으로 들어가는 방향은 녹색 신호가 90초나 되는데, 골목에서 나오는 방향은 녹색 신호가 겨우 10초밖에 안 되더라고요.

바꿔 말하면, 골목에서 나오는 차는 90퍼센트의 확률로 적색 신호등에 걸려 신호를 기다려야 한다는 것이죠. 게다가 골목 안에는 지나다니는 사람들이 적었어요. 그들의 도주를 막을 사람이 거의 없었죠. 그리고 골목 반대편은 또 다른 큰길로 통해요. 일단 그쪽으로 끝까지 뛰어가기만 하면 큰길에 있는 수많은 행인 속에 섞이기 쉬워요. 범인들은 그런 점들을 미리 알아보고는 그곳을 범행 장소로 정한 것 같아요."

이웅은 고개를 끄덕이며 동의했다.

"그럼 금관과학기술공사와 아트 공방의 직원 둘, 그리고 그들의 거래처부터 조사해 봐야겠구나."

그때 명설의 휴대전화가 울렸다. 액정 화면에는 엄마 이름이 표시되었다.

"맙소사! 우리가 배수구 클리너를 사러 심부름 나왔다는 사실을 깜박했어."

남매는 서둘러 일어나 집으로 가려 했다. 떠나기 전에 명안은 이웅에게 잊지 않고 부탁했다.

"수사에 진전이 있으면 우리에게도 꼭 알려주세요!"

이웅은 웃으면서 고개를 끄덕였다.

"알았다. 너희들은 목격자니까!"

명설과 명안은 집으로 오자마자 엄마에게 조금전 절도 사건을 목격하는 바람에 늦어졌다고 해명했다.

아빠는 배수구 클리너를 받아 작업을 시작했다. 그는 우선 개수대 안에 있던 더러운 물을 모두 퍼냈다. 그런 다음 배수구 클리너를 열어 배수구에 다 부었다. 배수구 안에서는 하얀 연기가 계속 뿜어져 나왔고 꼬르륵거리는 무시무시한 소리도 났다. 그것이 남매의 관심을 끌었다. 명안이 달려와 물었다.

"아빠, 왜 이런 현상이 일어나는 거예요?"

명설이 대신 답했다.

"배수구 클리너를 사면서 거기 표시된 성분을 읽어봤는데, 알루미늄 조각과 수산화나트륨이 들어 있었어. 수산화나트륨은 물을 만나면 알칼리성 용액이 생성되고, 알루미늄은 강알칼리성을 만나면 반응하여 수소가 생성되면서 동시에 엄청난 열을 발생시키지. 그러니까 이 연기는 수증기고, 꼬르륵거리는 소리는 수소 기포가 만들어질 때 나는 소리일 거야."

명안이 입을 삐죽거리며 말했다.

"난 화학 수업은 별로 듣고 싶지 않아. 이렇게 하면 왜 막힌 배수구를 뚫을 수 있는지 알고 싶은 거야."

명설이 다시 설명을 시작했다.

"내 생각에 열과 기체가 막혀 있는 것을 밀어내서 배수구가 뚫리는 것 같아. 또 알칼리는 지방을 녹이는 데 매우 효과적이거든. 배수구 안에는 굳은 지방이 많을 붙어 있을 거야. 만약 그 지방을 녹일 수 있다면 막힌 배수구가 펑 뚫리겠지."

아빠는 대견하다는 듯 고개를 끄덕이며 명설을 칭찬했다.

"설명 참 잘했어."

이어서 아빠는 주전자에 물을 담아 가스레인지 위에 올려놓고 끓였다. 얼마 후 아빠가 벽에 걸린 시계를 보며 말했다.

"30분 지났구나. 이제 그 방법이 통했는지 한번 확인해 볼까?"

그렇게 말하면서 아빠는 주전자의 펄펄 끓는 물을 배수구에 부었다. 뜨거운 물이 한꺼번에 배수구로 흘러들더니 막힘없이 술술 내려갔다. 뒤이어 아빠는 수도꼭지를 돌려 물을 최대한 크게 틀어보았다. 그 물도 역시나 배수구로 원활하게 흘러 들어갔고 아무런 막힘없이 빠져나갔다.

"됐다. 해결했어."

하지만 명안의 궁금함은 사라지지 않았다.

"황산은 부식성이 매우 강하다고 들은 것 같은데, 아빠는 왜 처음부터 황산을 쓰지 않았어요?"

명설은 마치 그 일이 눈앞에서 벌어지기라도 한 듯 인상을 쓰며 말했다.

"위험하잖아. 황산은 물에 닿으면 엄청난 열을 발생시켜. 혹시라도 잘못해서 사람에게 튀기라도 하면 실명하거나 얼굴을 다칠 수도 있어."

아빠가 덧붙였다.

"실험실의 진한 황산을 직접 사용하는 것은 확실히 위험해. 하지만 몇몇 미국 브랜드의 배수구 클리너들은 주요 성분이 황산이야. 황산은 대부분 유기물, 예를 들어 기름, 천, 모발 등에 대한 부식력이 아주 뛰어나거든. 그 때문에 배수구 클리너로 사용할 수 있어."

명설은 아빠의 말이 한편으로는 믿기지 않았다.

"하지만 부식성이 강한 황산이 싱크대까지 다 녹여버릴 것 같은데요!"

명안도 아빠의 말을 듣자마자 혀를 내둘렀다.

"너무 겁나서 난 못 쓰겠다."

그러자 아빠가 말했다.

"그래서 사용 전에 설명서를 잘 읽어야 한다고 거듭 강조하고 있어. 그런 배수구 클리너는 주요 성분이 황산이지만 물, 억제제(화학 반응이나 생리 작용 등을 방해하고 정상적이지 않은 반응을 억제하는 효과를 지닌 물질. 산화 방지제, 안정제 따위가 있음—옮긴이), 계면활성제 같은 성분들도 포함되어 있단다. 그래서 원래 투명하고 무색인 황산의 색깔을 변화시켜 경고해 주는 역할도 하지."

명설은 그제야 조금 이해가 되었다.

"그런데 억제제와 계면활성제는 왜 첨가하나요?"

"아까 네가 제기한 문제를 해결하기 위해서지! 억제제와 계면활성제를 첨가하면 금속이나 콘크리트가 황산 때문에 녹는 것을 막을 수 있거든."

다음 날인 일요일, 아침부터 이웅이 전화를 걸어왔다.

"지금 강도 사건의 용의자 집을 수색하러 갈 거야. 너희도 목격자 신분으로 우리에게 협조해 줄래?"

남매는 당연히 그 요청을 받아들이면서 얼른 용의자의 집 주소를 알려달라고 했다. 전화를 끊고 명설과 명안은 차를 타고 그곳으로 이동했다.

얼마 뒤, 남매는 집 앞에 정원이 있는 고풍스러운 일본식 가옥 앞에 도착했다.

이웅이 남매에게 설명했다.

"금관과학기술공사 직원과 예술가 주변을 조사한 결과, 예 사장이 몇몇 사람과 채무 관련 분쟁을 겪고 있다는 사실을 알아냈어. 그중 한 채권자가 여기 사는 류지풍이야. 류지풍은 며칠 전에 부인을 데리고 금관과학기술공사에 돈을 갚으라고 따지러 갔었는데, 마침 그날 예 사장과 유아원 여사가 금관 수령 날짜에 대해 논의했었대. 어쩌면 그때 류지풍 부부가 그들의 이야기를 엿들었을지도 몰라.

우리는 어제 오후에 류지풍 부부가 외출했었다는 사실을 확인했어. 그리고 그들이 집으로 돌아올 때 웬 종이 상자를 가지고 들어가는 것을 본 이웃도 있어. 강도를 당할 때 금관은 검은색 상자에 담겨 있었다지만, 상자를 바꾸는 일이야 간단하잖아. 그래서 검사에게 수색 영장을 신청했지. 너희 둘은 이 부부의 체격이 어제 본 강도들과 비슷한지 확인해 줘."

류지풍 부부는 집 앞 정원에서 노기등등하게 경찰을 쳐다보고 있었다. 명설과 명안은 두 사람을 자세히 살펴보고는 말했다.

"체격은 맞는 것 같아요. 부인의 헤어스타일도 그때 봤던 여자 강도의 모자 밑으로 드러난 머리 모양과 같고요. 하지만 모자와 마스크를 쓰고 있었기 때문에 확신할 수는 없어요."

이웅은 경찰을 지휘하며 대대적인 수색에 나섰지만, 금관은 물론 모자와 마스크도 찾지 못했다. 이웅은 속수무책이었다. 그때 명안이 이웅에게 넌지시 말했다.

"아저씨, 저기 저 사람들이 서 있는 곳의 시멘트 바닥 색깔이 옆 바닥과 좀 달라요."

그제야 이웅도 그 사실을 알아차렸다. 명안의 말대로 그 집 정원은 시멘트 바닥이었는데, 흙탕물이 묻고 오래되어 얼룩덜룩 더러워 보였다. 반면 그들 부부의 발밑에 깔린 시멘트 바닥은 유독 색깔이 옅고 매우 깨끗했다. 아무래도 덮은 지 얼마 되지 않는 게 분명했다.

"정말 교활하군. 어쩐지 우리가 아무것도 찾을 수 없더라니."

이웅은 그들에게 뒤로 조금 물러나라고 말하고는 시멘트 바닥을 파보려고 했다. 그러자 류지풍이 버럭 화를 냈다.

"내가 이미 변호사한테 연락해 뒀어. 당신들 더 이상 소란 피우면 내가 싹 다 고소할 거야."

그때 명설이 이웅에게 건의했다.

"지금 당장 바닥을 파볼 필요는 없어요. 일단 금속 탐지기로 아래에 금속이 있는지 확인하면 돼요. 금관이 아래에 있다면 탐지기에 반응이 있겠죠. 그때 파도 늦지 않아요."

이웅은 명설의 현명한 생각에 동의하고는 즉시 감식과에 연락해서 금속 탐지기를 가져오라고 했다.

얼마 후 지안이 그곳에 도착해 금속 탐지기로 바닥을 조사했다. 과연 금속 탐지기가 쉴 새 없이 울리면서 금속이 있는 위치

와 크기를 정확히 측정해 냈다. 줄곧 기세등등했던 류지풍 부부는 그제야 싸움에서 진 수탉처럼 고개를 떨궜다.

그 소식을 듣고 달려온 예 사장은 류지풍을 비난하면서도 동시에 경찰에게 사정했다.

"금관을 꺼내실 때는 제발 조심히 해주세요! 금관이 상하면 안 됩니다. 값이 워낙 고가이기도 하지만 유일무이한 예술품이니까요. 더 많은 돈을 준다고 해도 그렇게 훌륭한 작품은 얻을 수 없어요."

이웅은 이맛살을 찌푸리며 말했다.

"금관을 꺼내지 않으면 증거물이 없으니 용의자에게 죄를 물을 수 없습니다. 그리고 일단 바닥을 깨면 금관이 상하지 않는다는 보장을 드릴 수 없을 것 같습니다."

그때 명설에게 좋은 수가 생각났다.

"그건 문제없어요. 우리는 이미 금속 탐지기로 금관의 위치를 정확히 알고 있잖아요. 금관보다 조금 넓은 면적으로 바닥을 파면 금관이 부서지지 않을 거예요. 그런 다음 그걸 실험실로 조심히 가져가서 지안 감식관님이 묽은 황산으로 시멘트를 부식시켜 버리면 금관만 고스란히 남게 될 거예요. 왜냐하면 금관은 순금으로 만들어졌으니까요. 금은 활성(물질이 에너지나 빛 따위에 의해 활동이 활발해지며 반응 속도가 빨라지는 성질. 또는 촉매의 반응 촉진 능력—옮긴이)이

작아서 황산으로 부식되지 않거든요."

이웅은 반신반의하며 지안을 바라보았다. 지안은 고개를 끄덕이며 충분히 실현 가능한 방법이라고 말했다. 이웅은 명설과 명안을 향해 엄지손가락을 치켜세웠다.

"오늘 너희와 함께해서 정말 다행이구나. 용의자의 범죄를 입증할 만한 증거를 못 찾고 있었는데, 명안의 날카로운 관찰력 덕분에 용의자 발밑에 있는 시멘트가 새로 덮은 것임을 알게 되었어. 게다가 명설의 과학적 지식 덕분에 금속 탐지기로 금관의 위치를 찾아낼 수 있었고, 시멘트를 황산으로 부식시켜 금관을 온전히 꺼낼 방법도 찾아냈지. 두 어린 탐정님, 고마워요. 앞으로도 종종 도움을 부탁할게요!"

사건 너머의 과학

황산은 일종의 강한 산으로 탈수성이 있다. 만약 각설탕 가운데에 구멍을 내고 거기에 물을 한 방울 떨어뜨린 다음 진한 황산을 떨어뜨리면 구멍에서 검은 탄소 덩어리가 나온다. 당(糖)은 탄수화물이고 당류는 모두 탄소, 수소, 산소의 세 가지 원소를 함유하고 있으며 그중 수소와 산소의 원자 수의 비율은 2:1로 물의 비율이 딱 맞기 때문에, 당류가 황산에 닿으면 수소와 산소의 원자가 2:1의 비율로 황산에 의해 제거되고 검은 탄소만 남는 것이다.

종이와 면, 삼 등 천의 성분은 모두 당류에 속하며, 황산을 만나면 검게 변한다. 황산으로 만든 배관 클리너는 그런 원리로 배관을 뚫는다. 그러나 황산은 부식성이 강하기 때문에 화학 지식이 충분하지 않은 일반 소비자들은 그런 위험한 약품 사용을 되도록 피해야 한다.

황산은 대부분의 금속을 부식시킬 수 있지만 백금, 금 등의 금속은 활성이 적기 때문에 황산으로 부식되지 않는다. 그래서 명설은 황산으로 시멘트를 부식시킬 수는 있어도 순금으로 만든 예술품에는 해를 끼치지 않을 것이라고 판단했다.

열 번째 사건

디기탈리스로
복수를 꿈꾸다

오늘 명설 가족은 초대장을 받았다.

"허영문 작가님이 또 전시회를 열 예정인가 봐요. 우리를 개막식 다과회에 초대하셨어요."

명안이 봉투를 뜯어보고는 신이 나서 소리쳤다.

명설 가족과 허영문 작가와의 인연은 과거 한 전시회에서 시작되었다. 당시 허영문 작가의 도우미가 악당들과 짜고 그녀의 그림을 훔치려고 했다. 다행히 수상함을 눈치 챈 명설이 경찰에게 도우미를 미행하라고 알려줘서 사건을 해결할 수 있었다. 허영문은 감사의 표시로 그들에게 그림을 선물하기도 했다.

초대장을 보던 명설은 갑자기 궁금증이 생겼다.

"지난번에는 작가님이 멕시코 여행을 다녀온 후에 전시회를 열었는데, 이번에는 어느 나라에 가서 그림을 그리셨는지 모르겠네."

명안이 초대장을 자세히 들여다보더니 말했다.

"네덜란드래."

그러자 엄마가 설명을 덧붙였다.

"네덜란드에서 걸출한 화가들이 많이 배출되었지. 렘브란트, 요하네스 베르메르, 반 고흐처럼 세계적으로 유명한 화가들이 다 네덜란드 출신이야. 내 추측에 허 작가님이 네덜란드에 간 목적은 스케치를 하는 것 외에도 수많은 화가의 생가를 찾아다니며 그들의 삶을 몸소 느껴보기 위해서였을 거야."

명안이 고개를 끄덕이며 엄마의 설명을 듣다가 초대장에 쓰인 문구를 보며 반색을 하며 말했다.

"이번 주 토요일 오후에 개막식 다과회가 있고, 일요일 오전에는 강연회를 연대요. 작가님은 강연회에서 이번 여행에서 느낀 점과 네덜란드 유명 화가의 그림과 스타일을 소개할 예정이래요."

"그럼 우린 어떤 행사에 참석하지?"

아빠가 가족들을 돌아보며 묻자 명안이 단호하게 말했다.

"둘 다요."

"네가 그렇게 말할 줄 알았다."

가족들은 한바탕 웃은 뒤 빨리 개막식 날이 오기를 기다렸다.

드디어 다가온 토요일 오후, 개막식 다과회에는 수많은 사람이 참석했다. 개막식에서 허영문은 인사말을 한 후, 그녀의 스승인 장 교수를 무대로 불러 인사말을 하게 했다. 유명 화가인 장 교수는 일흔이 넘은 나이에도 기력이 넘쳤다. 장 교수의 부인도 미소를 지으면서 그 옆에 서 있었는데, 두 사람 모두 건강하고 품격이 넘쳤다.

개막식 행사가 끝나고 다과회가 시작됨과 동시에 허영문의 작품들이 공개되었다.

다과회에서는 초밥, 크루아상, 샌드위치뿐만 아니라 각종 케이크와 슈크림, 쿠키 등의 음식이 제공되었다. 음료로는 차, 커피, 칵테일이 있었다.

명안은 수많은 유명 인사들에게 둘러싸여 있는 허영문 작가를 보고는 인사를 나누기 힘들 것 같아서 그냥 다과를 먹는 일에만 집중했다. 명설은 그런 명안의 귀를 잡아당기면서 작품이 있는 곳으로 끌고 갔다. 명안은 테이블 위에 놓인 맛있는 음식들을 아쉬운 듯 바라보았다.

전시회에서 허영문이 선보인 작품들은 풍경화뿐만 아니라 인물화와 정물화에 이르기까지 다양했다. 모두 네덜란드에서 직

접 보고 그린 것들이었다. 엄마는 그중 〈밀밭〉이라는 제목의 유화 앞에서 그림을 한참 동안 들여다보더니 이렇게 중얼거렸다.

"이 그림은 반 고흐의 그림과 배경이 매우 흡사하네. 거장에 대한 경의를 표하는 게 분명해!"

그러자 명안이 이해할 수 없다는 듯 엄마에게 물었다.

"완전 똑같은 배경을 그리면 표절이라고 할 수 있지 않나요?"

"비록 주제가 똑같아도 두 사람의 화풍이 전혀 다른데 어떻게 표절이라고 할 수 있겠어. 스케치 수업을 할 때 똑같은 비너스 석고상을 보고 그림을 그리지만 사람마다 다르게 그리잖아. 그걸 표절이라고 할 수 있을까?"

명안이 멋쩍은 듯 웃으며 고개를 끄덕였다. 그때 명설이 휴대전화로 반 고흐가 그린 〈까마귀가 나는 밀밭〉을 찾아서 동생에게 보여주었다. 명안은 반 고흐와 허영문 작가가 그린 밀밭을 자세히 비교해 보았다. 배경은 같지만 두 그림이 주는 느낌은 확연히 달랐다. 허영문의 그림은 전체적으로 색채가 뚜렷했다. 새파란 하늘은 맑고 밝았으며 푸르른 밀은 방울방울 떨어질 듯 생생해서 그림 전체가 사람의 마음을 상쾌하게 해주었다.

반면 고흐의 그림은 하늘이 푸르지만 음침하고 선들이 흐트러져 있었으며, 흰 구름도 꾀죄죄하게 보였다. 게다가 빙글빙글 도는 소용돌이가 많이 그려져 있었다. 또한 낮은 하늘에는 검은

새떼가 폭풍우를 피해 황급히 날아가는 모습도 보였다. 밀밭 길 양쪽으로 녹색이 조금 있는 것을 제외하고는 그림 대부분이 누런빛이었다.

명설은 〈별이 빛나는 밤에〉라는 고흐의 그림에도 소용돌이가 많고 밤하늘의 별들이 모두 노란 공처럼 어지러이 그려져 있던 것을 떠올리면서 물었다.

"왜 고흐의 그림에는 소용돌이가 많은 걸까요?"

"고흐가 메니에르병(귀울림, 난청과 함께 갑자기 평행 감각을 잃고 현기증이나 발작을 일으키는 병―옮긴이)에 걸렸는데, 그 병이 발작을 일으키면 온 세상이 빙빙 도는 것처럼 느껴져서 그렇게 그렸다는 설이 있어. 그래서 그의 그림에는 마치 사물이 빙빙 도는 듯한 소용돌이가 많이 그려져 있지. 그 병은 이명을 일으키기도 해. 그것 때문에 고흐는 귀를 자르고 싶을 정도로 고통을 느꼈대. 나중에 이명은 갈수록 잦아졌고, 그는 결국 자살을 선택하고 말았지."

엄마는 아빠의 설명을 매우 못마땅하게 여겼다.

"그럼 당신 눈에는 고흐의 예술 작품들이 모두 지병 때문에 얻은 성과로 보이겠군요."

"진짜 그런 설이 있다니까!"

아빠는 여전히 많은 언론 기자에게 둘러싸여 있는 허영문을 쳐다보며 말했다.

"못 믿겠으면 내일 저분에게 물어봐."

다음 날인 일요일 오전에는 미술관 강연장에서 강연회가 열렸다. 이상하게도 강연을 들으러 온 사람들이 너무 적어서 몇 명밖에 되지 않았다. 떠들썩했던 어제 분위기와는 몹시 비교되었다. 허영문조차 강연회 현장에 나타나지 않자 명안이 몹시 실망해서 말했다.

"어떻게 이럴 수가 있죠?"

그때 장 교수가 강연장으로 들어와 상황을 설명했다.

"어제 저녁 식사 때부터 허영문 씨가 갑자기 입맛을 잃고 심한 메스꺼움을 느끼더니 급기야 구토까지 하더군요. 부정맥도 나타났고요. 그래서 응급실에 실려 가셨는데, 의사 선생님 말씀이 식중독이 의심된다고 해서 아직 병원에 있습니다. 세균 배양 결과가 나와야 앞으로 어떤 약으로 치료할지 결정할 수 있다고 합니다.

오늘 아침에 허영문 씨가 저에게 전화를 걸어서 부탁했습니다. 이 자리에 참석하신 여러분들이 헛걸음하지 않도록 자기 대신 강연을 맡아달라고 말이에요. 제가 비록 그녀와 함께 네덜란드에 가지는 않았지만, 네덜란드 화가들에 대해서는 잘 알고 있습니다. 허영문 씨는 여러분들이 그냥 가지 마시고 제 강연을 들어주셨으면 하셨어요."

그러자 참석자 중 몇몇은 발길을 돌렸고, 몇몇은 남아서 강연을 듣기로 했다. 명안이 시무룩한 표정으로 말했다.

"강연도 듣고 싶고 작가님 병문안도 가고 싶은데, 어쩌죠?"

아빠가 명안의 등을 토닥이며 말했다.

"그럼 강연을 듣고 나서 병원에 가면 되지. 식중독은 대개 먹은 음식을 다 토하고 나면 괜찮아진단다."

"그런데 저도 어제 다과회에서 엄청 많이 먹었는데 왜 식중독에 걸리지 않았을까요?"

"세균에 오염된 음식을 네가 먹지 않았거나 비교적 적게 먹었을지도 모르지. 그리고 똑같은 음식을 먹어도 면역력이 좋은 사람은 증상이 나타나지 않아. 면역력이 약한 사람들에게만 증상이 나타나기도 해."

장 교수는 연단에 올라 허영문을 대신해서 사과하고 파워포인트 슬라이드를 이용해서 강연을 시작했다.

"이 슬라이드들은 모두 허영문 씨가 저에게 준 자료이고, 강연 내용은 그녀와 제가 2주 전에 토론했던 것입니다. 그래서 허영문 씨가 말하고 싶었던 것을 제가 잘 전달할 수 있으리라 믿습니다. 강연 도중에 궁금한 점이 있으시면 언제든지 말씀해 주세요. 함께 이야기 나눠봅시다."

장 교수가 첫 번째로 보여 준 슬라이드는 구도는 같지만 느낌이 전혀 다른 두 가지 〈밀밭〉 그림이었는데, 나란히 붙여 놓으니 놀라울 만큼 큰 대조를 이루었다.

"화가의 그림은 종종 본인의 건강 상태와 심정을 표현하기도 합니다. 허영문 씨의 그림은 건강함과 명랑함이 드러나는 반면, 고흐의 그림에서는 침울함과 광란이 보여요. 이렇게 소용돌이치는 선들은 고흐의 성급함을, 그리고 한 무리의 검은 새들은 고흐의 우울한 면을 보여주죠. 이것은 고흐의 생애 마지막 그림으로, 그는 이 그림을 그린 지 얼마 되지 않아 스스로 목숨을 끊었습니다. 이미 붕괴 직전에 있었던 것이 분명합니다."

궁금한 점이 있으면 언제든 말하라던 장 교수의 말 때문인지, 아빠가 용기 있게 손을 들고 질문했다.

"어떤 사람들은 반 고흐의 그림에 소용돌이가 자주 등장하는 것이 메니에르병 때문이라고 하는데요. 교수님은 혹시 그 말에 동의하십니까?"

장 교수가 곧바로 말을 이었다.

"고흐가 왜 자살했는지에 대해서는 여러 가지 추측이 있습니다. 결론적으로 말하면, 고흐는 여러 가지 병을 앓고 있었고, 그의 가족은 정신질환을 앓고 있었으며, 형제자매 중에는 그를 포함해 네 명 모두 그쪽 관련 문제를 가지고 있었어요. 어떤 사람들은 그가 메니에르병을 앓고 있었다고 말하기도 하지만, 모든 의학자의 동의를 얻을 수는 없었어요. 그 시대에는 정확한 병리학 검사가 없었기 때문이죠. 우리 현대인들로서는 어느 견해가 옳은지 확신할 수 없습니다. 하지만 현재 대부분의 전문가는 고흐가 디기탈리스를 과도하게 섭취해 중독되었을 거라는 사실에는 동의합니다."

"디기탈리스?"

참석자들도 처음 들어보는 단어였다.

"디기탈리스는 스무 가지 이상의 종을 가지고 있는 식물의 한 속입니다. 자, 제가 이 슬라이드를 보여 드리겠습니다. 이 그림은 고흐가 그린 〈가셰 박사의 초상〉입니다."

그림 속에는 검은 옷을 입은 깡마른 남자가 오른손은 턱을 괴고 왼손은 책상 위에 올려놓고 있었는데, 남자가 쓴 모자, 머리, 얼굴, 테이블이 온통 누런색이었다. 테이블 위에는 어떤 식물 하나가 놓여 있었는데, 장 교수는 레이저 펜으로 그 식물을 가리키며 말했다.

"이것이 바로 디기탈리스입니다. 이 그림은 1890년에 그려진 그림이고 경매가는 8,250만 달러였습니다. 우리 돈으로 환산하면 대략 1,213억 원입니다. 가셰 박사는 고흐의 주치의로 동종요법(질병 증상과 비슷한 증상을 유발해 치료하는 방법—옮긴이)을 굳게 믿었던 의사입니다. 그러니까 건강한 사람에게 병을 일으키는 물질이 환자를 치료하는 데 사용될 수 있다고 생각했다는 뜻이죠. 당시 디기탈리스는 약으로 여겨졌습니다. 오늘날에도 강심제로 쓰고 있죠.

고흐가 가셰 박사를 위해 그린 두 점의 그림에는 모두 디기탈리스가 그려져 있습니다. 디기탈리스는 과다 복용 시 중독될 수 있습니다. 주요 증상으로는 메스꺼움, 구토, 설사 등이 나타나죠. 시각에도 문제가 생겨서 모든 것들이 누렇게 보이고 윤곽도 흐릿해진다고 합니다."

이어서 장 교수는 고흐의 〈별이 빛나는 밤에〉와 〈자화상〉을 보여주면서 그의 그림이 대체로 누런빛을 띨 뿐만 아니라 누런색이 점점 퍼져나가고 있다는 것을 증명해 보였다.

강연이 끝나자, 주최 측에서는 또다시 다과를 내놓았다. 명안은 음식을 휙 둘러보더니 고개를 내저으며 말했다.

"어제 먹은 음식이랑 거의 똑같아서 별로 안 내켜요."

그때 강연장 안으로 남녀 한 쌍이 들어왔다. 두 사람 모두 등에 '위생국'이라고 적힌 파란색 조끼를 입고 있었다. 그들은 신분증을 꺼내 자신들의 신분을 밝힌 뒤 물었다.

"이 음식의 책임자가 누굽니까?"

마침 음식을 차리고 있는 사람 중 하나가 앞으로 나왔다. 머리가 헝클어진 젊은 남자였다.

"제가 사장입니다만."

위생국 조사관이 말했다.

"어제 개막식 다과회에 참석한 사람들 중 총 열세 명이 식중독 증상을 보였습니다. 그중 여러 명이 같은 병원으로 이송되었고요. 병원에서는 사태가 심각하다고 여기고 우리 위생국에 통보를 해왔어요. 그래서 이렇게 식품을 조사하러 나왔습니다. 있다가 귀사에 가서 회사 주방 기구들의 위생 상태와 식품 제조 과정도 점검해야 합니다."

사장은 그저 고개만 끄덕였다. 위생국 조사관은 그곳에 있는 음식들을 둘러본 후에 다그치듯 말했다.

"이곳에 오기 전에 병원에 들러서 환자들의 검체도 채취하고 이야기도 나눴기 때문에 어제 제공된 음식에 대해 잘 알고 있습니다. 그런데 어째서 오늘 나온 음식 메뉴가 어제와 똑같죠? 어제 남은 음식을 오늘 또 가져왔나요? 그럼 어제도 지난 파티에서 남은 음식을 손님에게 내놓았습니까?"

사장이 우물쭈물 말했다.

"양이 부족하다 싶으면 그때 새 음식을 보충하죠. 모두 그렇게들 하잖아요. 가격이 같으니 메뉴도 같고요. 어차피 이런 빵이나 쿠키들은 그렇게 빨리 상하지도 않는다고요."

조사관은 화를 냈다.

"쿠키 같은 건 그나마 문제가 없지만 초밥이나 샌드위치는 상하기 쉬운데 이렇게 하루 지난 걸 손님께 드리면 어떡합니까?"

사장은 극구 변명했다.

"우리가 회수해서 다음 파티 손님들에게 제공하는 건 쿠키류뿐이에요. 초밥과 샌드위치는 당일에 직접 만든 겁니다."

조사원이 의심스럽다는 눈초리로 사장을 쳐다보았다.

"그거야 조사를 해보면 알겠죠. 환자의 검체든 귀사의 식품이든 전부 다 수거해서 세균 배양을 해볼 겁니다. 균이 동일하다면 이번 식중독 사태는 귀사의 식품이 신선하지 않아서 발생한 게 거의 확실하다는 뜻입니다. 어쨌든 열세 명이나 되는 식중독 환자들이 모두 어제 다과회에 참석했고 귀사가 만든 음식을 먹었으니까요."

상황을 살펴본 조사원은 모든 음식의 샘플을 수거했고, 사장과 함께 식품 회사에 가서 조사를 계속 진행하기로 했다. 아빠는 강연장에 있던 사람들이 모두 떠나는 것을 보고 말했다.

"그럼 우리는 이제 작가님을 뵈러 병원에 가자!"

명설 가족이 병실에 들어갔을 때, 허영문은 침대에 누워 잠들어 있었다. 그녀의 몸에는 바이털 사인(맥박, 혈압, 호흡, 체온 수치 등을 가리킴—옮긴이)을 체크하는 선들이 여러 개 연결되어 있었다. 명설은 허영문의 심장 박동수가 너무 느려서 분당 50회에 불과하다는 것을 알아차렸다. 그때 누군가 병실에 들어온 기척이 나자 허영문은 힘없이 눈을 뜨고 그들을 바라보았다. 엄마가 다급히 말했다.

"일어나지 말고 그냥 누워 계세요."

명설은 허영문의 무표정한 얼굴을 보았다. 그녀가 아직 그들을 알아보지 못한 것 같았다.

"작가님, 저희 왔어요."

그제야 허영문은 명설의 얼굴을 알아보았는지 겨우 입을 뗐다.

"미안해. 내가 지금 시야가 너무 흐릿해서 너인 줄 몰랐어. 그나저나 명설아, 너 너무 열심히 공부하는 거 아니니? 몸이 많이 상했나 봐. 안색이 누렇구나. 엄마한테 몸보신 좀 시켜달라고 하렴."

명설은 살짝 당황했다. 다행히 엄마가 명설 대신에 허영문의 손을 붙잡고는 몸조리 잘하라고 위로해 주었다. 그러자 허영문이 힘없이 말했다.

"그런데 명설 어머님도 명설이처럼 안색이 누렇군요?"

그 말을 듣고 명설은 더 이상 망설이지 않고 즉시 병실을 나왔다. 그리고 간호사실로 가서 주치의를 찾았다. 한쪽 책상에 앉아 있던 젊은 남자 의사가 명설에게 다가오며 물었다.

"주치의 선생님은 지금 안 계십니다. 저는 레지던트인데, 무슨 일이죠?"

명설이 물었다.

"허영문 환자 말인데요. 식중독이 아닐 가능성은 없나요? 누군가가 음식에 독을 타서 중독된 건 아닐까요? 예를 들어 디기탈리스 같은 독 말이에요. 왜냐하면 작가님이 보이는 증상이…."

"디기탈리스요? 잠시만요."

레지던트는 이번 일로 병원에 입원한 환자들의 병력을 신속하게 불러내어 훑어보았다.

"어떤 환자는 구토를 했고, 또 어떤 환자는 설사를 했네요. 그리고 전부 심장 박동이 느려지거나 부정맥이 생겼어요. 시야가 흐리고 사물이 누렇게 보인다고 불평한 환자도 있고…. 아! 그럼 그럴 가능성도 있겠군요. 제가 저분들 혈액 속에 디곡신이 함유되어 있는지 채혈해서 검사해 보겠습니다. 디곡신은 디기탈리스 독소인데, 만약 그게 혈액 속에 있다면 치료법을 당장 바꿔야 해요."

의사가 새로운 검사 준비로 분주한 사이, 명설은 이웅에게 전화를 걸어서 새롭게 발견한 사실에 대해 말해주었다. 이웅은 깜짝 놀랐다.

"만약 그렇다면 그 일을 식품 안전 문제에서 형사 사건으로 전환해야겠다. 지금 당장 미술관으로 가서 다과회 당일에 녹화된 CCTV 영상을 찾아봐야겠어. 감식과 지안에게도 어제 음식에 독극물이 섞여 있었는지 검사해 보라고 해야겠다."

얼마 후, 레지던트는 환자의 혈액 속에서 고농도의 디곡신이 나왔다고 말했다. 그 소식을 접한 주치의는 즉시 치료법을 바꾸었다.

이웅은 CCTV 영상을 돌려보다가 마스크를 쓴 수상한 여성이 손에 흰색 약병을 들고 연회장을 배회하고 있는 것을 발견했다. 그리고 그 여성이 모두가 눈치 채지 못한 틈을 타서 커피가 담긴 통에 약을 붓는 장면도 찾아냈다. 어제 다과회에 있었던 커피는 이미 쏟아버리고 없었기에, 지안은 화학 실험을 할 수가 없었다. 이웅은 CCTV 영상 파일을 명설에게 보냈다.

명설은 영상을 보자마자 그 여자를 알아보았다.

"예전에 작가님 집에서 도우미를 했던 사람 같아요."

이웅이 다급하게 말했다.

"알았다. 당장 그녀를 찾아가서 디기탈리스를 어디서 구했는지 물어봐야겠다."

환자들은 디기탈리스 해독제 치료를 받고 증상이 즉시 완화되었다. 허영문의 심장 박동수도 점차 정상으로 돌아왔고, 몸도 생기를 되찾았다.

이웅이 도우미를 체포했다고 전화했을 때, 허영문은 몸이 많이 회복되어 명설과 웃음꽃을 피우며 이야기를 나누고 있었다.

이웅의 말에 따르면, 도우미는 출옥 후에 심장병이 있는 어느 노인을 간호하는 일을 했다. 그러다가 허영문이 여행에서 돌아와 전시회를 연다는 뉴스를 보고는 앙심을 품었다. 그녀는 허영문이 커피를 좋아한다는 사실을 알고 있었다. 그래서 돌보고 있던 노인이 평소에 먹는 심장병 약을 가지고 다과회 장소에 갔고, 사람들 사이에 섞여 있다가 몰래 그 약을 커피가 담긴 통에 부었다. 그 결과 커피를 마신 파티 손님들은 모두 디기탈리스에 중독되었다. 명안은 그곳에 있었던 음식을 많이 먹었지만 커피를 마시지 않았기에 중독되지 않았던 것이다.

명설이 이웅과 통화하고 있을 때, 허영문이 명설을 뚫어지게 쳐다보았다. 전화를 끊은 명설이 물었다.

"왜 그렇게 저를 빤히 보세요?"

명설의 물음에 허영문이 웃으면서 대답했다.

"하하, 명설이가 사과처럼 예쁜 혈색을 되찾았구나. 이제 얼굴이 누렇지 않아."

사건 너머의 과학

디기탈리스 독성은 디곡신^{Digoxin}에서 유래한다. 이 독성은 부정맥과 심부전을 치료하는 약이기도 하다. 인류가 디기탈리스에 독성이 있다는 사실을 알게 된 것은 400년이 넘었지만, 이를 약으로 사용한 것도 200여 년의 역사를 가지고 있다.

의학계는 오랫동안 디기탈리스에 시달렸다. 왜냐하면 디기탈리스에 중독되면 메스꺼움, 구토, 설사 등의 위장 증상을 동반하는 경우가 많고 사람마다 보이는 증상도 다르기 때문에, 의사가 디기탈리스 중독을 알아채는 시간이 종종 오래 걸렸기 때문이다.

1930년대에는 디기탈리스로 심장병을 허위로 일으킨 다음 보험금을 사취하는 사건이 수없이 발생했으며, 의사와 변호사도 그 사기 사건에 포함되어 있었다.

열한 번째 사건

섬유 한 가닥으로
잡은 범인

2층짜리 주택 앞 화단에 열 살쯤으로 보이는 여자아이가 쪼그리고 앉아서 쇠로 만든 삽으로 흙을 파며 놀고 있었다. 아이는 검붉은 드레스를 입고 있었다. 그때 번호판을 달지 않은 차한 대가 화단 앞에 멈춰 섰다. 파란색 야구모자와 선글라스를 쓴 젊은 남자가 차에서 내리더니 아이에게 다가가 말을 걸었다.

"애야, 뭐 좀 물어볼게…."

아이가 고개를 들어 쳐다보자, 남자는 갑자기 아이를 덥석 붙잡고 차 쪽으로 끌고 갔다. 놀란 아이는 비명을 지르며 손에 들고 있던 삽으로 끊임없이 남자를 때렸다. 하지만 아이는 힘이약했다. 젊은 남자는 아랑곳하지 않고 계속해서 아이를 차로 끌고 갔다. 다행히 그때 집 안에서 남녀 한 쌍이 뛰쳐나오며 크게 소리를 질렀다.

"지금 뭐 하시는 거예요?"

납치범은 데려가려던 아이를 그대로 두고는 황급히 운전석에 타더니 차를 몰고 가버렸다.

다음 날, 명설은 학교에서 화학 실험 수업을 듣고 있었다. 실험을 시작하기 전에 선생님은 먼저 섬유의 종류에 관해 설명했다.

"섬유는 천연 섬유와 인공 합성 섬유로 나뉜단다. 천연 섬유는 다시 식물 섬유와 동물 섬유로 나뉘고, 인공 합성 섬유는 재생 섬유와 합성 섬유로 나뉘지."

이어서 선생님은 아이들을 향해 가져온 면직물을 들어보라고 했다. 선생님은 실험하기 일주일 전에 필요 없는 각종 헌 옷들을 집에서 찾아보라고 했다. 그러면서 옷에 붙어 있는 라벨에서 옷감 성분을 읽는 방법을 가르쳐주고, 그것을 참고로 해서 각자 다양한 옷감을 들고 오라고 했다.

실험을 하려면 각 조당 작은 천 조각, 혹은 섬유 한 가닥만 있으면 되기 때문에, 들고 온 헌 옷을 여러 조각으로 잘라서 나누었다. 그 덕분에 조마다 다양한 옷감을 가지고 실험을 할 수 있었다.

"면과 마는 모두 식물 섬유야. 그중 면직물은 식물 섬유를 대표하지. 지금부터 알코올램프를 켜고 핀셋으로 면직물을 집어서 불꽃에 태워볼 거야."

각 조 학생들은 선생님의 지시를 따랐다. 잠시 뒤, 섬유를 따라 불이 붙더니 천을 모두 태워버리고 매우 가는 회색 재만 남겼다. 선생님이 물었다.

"무슨 냄새가 나지?"

학생들이 분분히 대답했다.

"별로 특별한 냄새가 나지는 않아요. 명절날 제사 때 금종이

(망자가 가져가 저승에서 돈으로 삼고 쓸 수 있도록 제사 때 태우는 노란색 종이—옮긴이)

를 태우는 냄새 같아요."

선생님은 웃으면서 말했다.

"종이와 면, 마의 주성분은 모두 섬유소이기 때문에 탄소, 수소, 산소 등의 원소를 함유하고 있고, 연소할 때 이산화탄소와 물을 발생시키지. 그래서 특별한 냄새가 나지 않는단다. 그럼 이번에는 똑같은 방법으로 양모를 태워서 비교해 보자."

실험에 사용된 양모는 스웨터에서 뽑아낸 섬유로, 가연성이지만 불꽃에서 멀어지면 곧바로 불이 꺼졌다. 핀셋으로 불꽃에 가까이 가져다 대니 다시 불이 붙으면서 탔다.

선생님이 또다시 물었다.

"무슨 냄새가 나니?"

학생들은 인상을 쓰며 대답했다.

"고약해요! 고데기를 할 때 머리카락 타는 냄새 같아요."

"머리카락과 양모의 주성분은 단백질이야. 그래서 탄소, 수소, 산소, 질소, 황 등의 원소가 함유되어 있고, 연소할 때는 이산화 탄소와 물을 발생시킨단다. 연기 속에는 질소 화합물과 이산화 황이 포함되어 있을 수도 있어. 그것들은 모두 악취를 유발하는 화합물이야. 그러면 이번에는 똑같은 방법으로 인조 견사를 태워서 무엇이 다른지 살펴보자."

인조 견사는 연소 상태와 냄새가 면직물과 완전히 똑같았다. 선생님이 설명했다.

"인조 견사의 원료는 나무껍질에서 나온 것으로 본래 섬유소야. 다만 알칼리와 산 처리 과정을 거쳐서 천으로 짤 수 있는 섬유로 만든 거지. 이러한 종류의 섬유를 재생 섬유라고 해. 자, 그럼 마지막으로 나일론을 불에 태워서 무엇이 다른지 알아보자."

나일론은 불꽃을 만나자 오그라들면서 작고 시커먼 구슬이 되었다. 구슬은 손으로 비벼도 깨지지 않을 만큼 딱딱했다. 타면서 나는 연기에서는 악취가 났는데, 어떤 학생은 셀러리 냄새 같다고 했고 어떤 학생은 플라스틱 냄새 같다고도 했다.

선생님은 아이들을 둘러보며 설명을 이어갔다.

"합성 섬유의 종류는 매우 많아. 나일론 같은 건 폴리아미드류에 속하는 섬유야. 그 밖에도 폴리에스테르류 섬유, 아크릴 섬유 등이 있는데, 성질이 각각 달라. 시간 제약 때문에 우리는 오늘 나일론만 실험해야 해. 나일론은 플라스틱류이기 때문에 열을 가하면 녹아 작은 구슬처럼 굳어버리지. 폴리아미드류는 질소를 함유하고 있고, 연소 생성물에는 질소 함유 화합물이 있어. 그래서 냄새가 지독하단다."

명설은 간단한 연소법만으로도 섬유 종류를 구별할 수 있었던 실험 수업에 대단히 흥미를 느꼈다.

수업이 끝나고 명설이 교문을 나서는데, 뜻밖에도 명안이 명설을 기다리고 있었다.

"너 오늘 수업 일찍 끝나는 날 아냐? 누나 오래 기다렸어?"

명안은 명설의 질문에 대답도 하지 않고 다급하게 말했다.

"누나, 나랑 같이 경찰서에 이웅 아저씨 만나러 가자."

"무슨 일 생겼어?"

"우리 반에 황선이라는 친구가 있는데, 어제 집 앞에서 하마터면 어떤 사람에게 납치를 당할 뻔했대. 다행히 엄마 아빠가 제때 집 밖으로 뛰쳐나와 위기를 모면했어."

명설이 놀라서 말했다.

"그렇게 무서운 일이! 부모님이 신고는 하셨대?"

"당연히 했지. 오늘 아침에 그 얘기를 듣고 나서 이웅 아저씨에게 전화로 수사 상황을 물어봤거든. 현재로서는 길가에 있던 감시 카메라가 유일한 증거인데, 범인이 모자에 선글라스를 쓰고 있었고 자동차 번호판도 없었대. 그래서 녹화된 영상에서는 아직 쓸 만한 단서를 찾지 못했나 봐."

"그래서 네가 방과 후에 영상 분석을 도와주겠다고 자진해서 나선 거지?"

"맞아!"

명안이 웃으며 덧붙였다.

"그리고 이미 엄마 아빠에게도 말씀드렸고."

"그럼 아무 문제없네. 얼른 가자!"

명설과 명안이 경찰서에 도착하자, 이웅은 그들을 여러 대의 모니터가 있는 작은 방으로 안내했다. 테이블 위에는 이미 아이들에게 줄 도시락이 준비되어 있었다.

"너희 엄마 아빠가 너희들 배불리 먹이고 나서 일을 시키라고 하시더라."

남매는 잠시도 지체하지 않고 녹화 영상을 보기 시작했다. 그리고 도시락을 먹으면서 계속해서 화면을 응시했다. 범인이 아이를 납치하려다가 도망친 장면은 불과 몇 십 초밖에 되지 않았다. 그들은 끊임없이 그 장면을 돌려보고 또 돌려보았다.

"누나, 뭐 발견한 거 있어?"

명안의 질문에 명설이 보일듯 말듯 고개를 끄덕였다.

명설 나이 또래의 여고생은 한창 예쁜 것을 좋아할 때다. 명설도 예외는 아니어서 평소에 패션 소식에 관심을 가지고 동영상 사이트에서 패션에 관한 영상을 고정적으로 찾아보곤 했다. 그런 명설의 눈에 범인이 입고 있는 남색 무늬의 흰 셔츠는 어디선가 본 듯 매우 낯이 익었다. 그러다가 어제 한 유명 인플루언서가 신상 옷을 번갈아 입어가며 코디를 보여주는 영상을 봤었는데, 거기서 디자인이 아주 특이한 옷을 봤던 기억이 났다.

"저 옷을 어떤 브랜드에서 팔고 있는지 알아봐야겠어요."

정보는 해당 인플루언서의 SNS에 들어가면 금방 알 수 있었다. 왜냐하면 그 영상은 홍보를 목적으로 만든 것이어서 브랜드 이름과 관련 자료를 아래에 함께 적어두기 때문이다.

알아보니 그 옷은 출시된 지 일주일밖에 되지 않은 신상이며, 인터넷에서만 판매된다는 사실을 곧바로 알 수 있었다. 명설이 반색하며 말했다.

"인터넷에서 판매되는 건 구매자를 쉽게 찾을 수 있어요."

명설의 설명에 명안이 신이 난 듯 대꾸했다.

"누나 정말 대단해. 옷 디자인까지 기억하다니! 그건 내가 도저히 못 당하겠네. 그래도 나는 범인이 탔던 자동차 차종과 가격은 말할 수 있어. 그리고 한 가지 더! 사건 당시에 황선이가 손에 든 삽으로 범인을 때린 사실도 알아냈어. 어쩌면 그 삽에 범인의 흔적이 약간이라도 남아 있을지 몰라!"

이웅은 아이들의 대화를 듣고 있다가 덧붙였다.

"자동차 차종과 모델명은 우리도 알아내서 이미 정보를 공유했어. 각 지역 경찰에게 그와 같은 차량을 조사해 달라고 요청했지. 특히 번호판을 달고 있지 않은 차가 있다면 즉시 압류해야 한다고 했어. 너희들은 범인의 옷과 피해자가 들고 있는 삽을 새로운 단서로 찾아냈구나. 정말 소중한 정보야.

아저씨는 저 범인이 이번 납치에 실패한 뒤 또 다른 범죄 대상을 물색하고 있을까 봐 걱정이야. 그러니까 조금이라도 빨리 저 사람을 체포해야 해. 지금 당장 의류업체부터 추적해 봐야겠다. 지안에게는 황선 집에서 삽을 가져와 화학 분석을 해보라고 지시해야겠어."

얼마 후, 의류업체 측에서 경찰이 요청한 자료를 보내왔다. 해당 옷은 면직물로 만들어졌으며 디자이너가 심혈을 기울여 디자인한 것이라고 했다. 그중 파란색 꽃무늬는 나비콩꽃을 그린 것으로, 시중에 똑같은 무늬가 있는 다른 브랜드는 없다고 했다. 그리고 모조품이 만들어지는 것을 방지하기 위해 매장에 상품을 깔지 않았고, 오직 회사 웹사이트에서 직접 주문해야 하는 제품이라고 했다. 그 옷은 출시된 지 일주일 만에 전국 각지에서 300여 개가 팔려나간 상태였다. 인터넷 구매자 명단은 각 현과 시에 배포되었다.

이웅이 이맛살을 찌푸리며 말했다.

"디자인이 유일무이한 옷이기 때문에 바다 밑에서 바늘 찾는 격으로 힘들게 범인을 찾을 필요는 없어졌어. 용의자가 300여 명으로 추려졌지. 하지만 300명이란 숫자도 적은 숫자는 아니라서 일일이 조사하려면 상당한 시간이 걸릴 거야."

그러자 명안이 건의했다.

"납치 사건이 타이베이시에서 일어났으니까 범위를 타이베이시에 사는 구매자로 좁혀보면 어떨까요?"

이웅이 인터넷 구매자 명단을 살펴보고는 말했다.

"타이베이시에 사는 구매자는 19명뿐이구나. 하지만 이렇게 범위를 좁히는 건 좀 위험해. 요즘은 교통이 아주 편리하니까 범인이 활동 범위를 넓혀서 범죄를 저지를 가능성이 매우 높거든."

그때 지안이 경찰서로 돌아왔다. 그녀는 손에 들고 있는 작은 비닐봉지를 치켜들며 흥분해서 말했다.

"황선이가 가지고 놀던 삽에서 청백색의 섬유 몇 가닥을 찾았어요. 분명히 범인 상의에서 떨어져 나왔을 거예요."

이웅은 지안에게 이미 해당 의류업체를 찾아냈다면서 되물었다.

"그러니 그 섬유들을 분석하는 건 별 의미가 없지 않을까?"

지안은 이웅이 건네준 자료를 보고는 실망하는 기색을 보였다.

"큰 의미는 없겠지만, 감식과의 표준 운영 절차에 따르면 증거물이 수집된 이상 분석하지 않을 순 없어요."

그러자 명설이 흥미로운 표정으로 말했다.

"감식관님, 그럼 그거 제가 분석해 볼게요. 마침 오늘 학교에서 연소법으로 섬유의 종류를 검사하는 법을 배웠거든요."

"좋아! 연소법은 섬유를 검사하는 가장 기본적인 방법이지. 섬유를 한 가닥 뽑아서 줄 테니 검사해 봐. 얼마나 배웠는지 보자."

지안은 말을 마치고 나서 명설을 실험실로 데리고 갔다. 그리고 알코올램프를 켜고 핀셋으로 비닐봉지에서 섬유를 한 가닥을 끄집어내어 명설에게 건넸다.

명설은 수업 시간에 배운 방법대로 섬유의 한쪽 끝을 불꽃 속에 넣었다. 섬유가 타면서 탁탁 소리를 내고 불꽃이 튀더니 점점 오그라들면서 고약한 냄새를 풍겼다. 다 탄 부분에는 딱딱하고 새까만 작은 구슬 덩어리가 생겼다. 구슬은 그다지 뜨겁지 않았다. 명설이 손으로 문질렀더니 작은 구슬은 가루가 되어버렸다. 명설이 고개를 갸우뚱했다.

"이상해요."

지안이 궁금해서 물었다.

"뭐가 이상해?"

"그 의류업체에서는 분명 옷을 순면으로 만들었다고 했어요. 하지만 방금 연소 시험 결과를 보면 이건 절대로 면이 아니에요. 합성 섬유예요. 열에 녹아서 작은 구슬이 되었으니까요. 그런데 타는 냄새는 나일론이 탈 때와는 달라요. 그래서 어떤 합성 섬유인지 잘 모르겠어요."

"확실히 합성 섬유는 맞아. 방금 불꽃이 튀는 모습과 코를 찌르는 냄새로 판단했을 때는 아크릴산 섬유일 가능성이 있어. 그냥 아크릴 섬유라고도 하지. 의류업체에서 분명히 순면이라고 말했어? 설마 우리가 소비자를 속인 의류업체를 뜻하지 않게 적발하게 된 건가?"

지안에게 연소 시험 결과를 들은 이웅은 즉시 의류업체에 전화를 걸어 진실을 요구했다. 그러자 의류업체 책임자는 한사코 순면이 맞다고 주장했다.

"우리가 이름도 없는 작은 회사도 아니고 어떻게 그런 식으로 소비자를 기만하겠습니까? 우리는 외국에서 면을 수입해서 회사 자체적으로 화학 테스트를 합니다. 그걸 통과한 원단만 사용한다고요…."

"알겠습니다. 믿겠습니다."

이웅은 한가하게 회사 자랑이나 들을 시간이 없었다.

"대신 의류 제작과 관련 있는 협력업체들 자료를 모두 보내 주십시오."

이웅이 통화를 끝내자 지안이 이웅에게 물었다.

"반장님은 문제가 어디에 있다고 생각하세요? 제가 그 업체에서 옷 샘플을 수거해 와서 진짜 면인지 아닌지를 검사해 볼 수 있어요."

이웅이 고개를 내저었다.

"그들이 소비자를 기만했는지 아닌지는 그렇게 급한 일이 아니니까 나중에 시간 있을 때 다시 조사해도 늦지 않아. 그런데 만약 그 회사 제품이 면으로 만든 게 맞는다면 인터넷 구매자 명단은 의미가 없어져."

명설은 이해가 되지 않아 물었다.

"범인이 모조품을 사 입은 걸까요? 하지만 나온 지 겨우 일주일밖에 안 된 신상품이고 아무 곳에서나 살 수 있는 것도 아닌데, 누가 그렇게 빨리 모조품을 만들 수 있었을까요?"

이웅이 진지한 표정으로 잠시 생각에 잠겼다.

"음, 아무래도 회사 내부에 음모가 있거나 협력업체 중 누군가가 기회를 노려서 한몫 챙기려고 한 것 같은데…."

지안은 의류업체가 팩스로 보내온 협력업체 자료를 잠시 살펴보더니 이렇게 말했다.

"만약 의류 업체에서 거짓말을 하지 않았다면, 모조품을 만들 가능성이 가장 큰 곳은 망판(사진과 같이 색깔과 명암이 있는 원본 그림을 복제하기 위해 사용하는 인쇄용 동철판—옮긴이) 제조 공장이겠네요."

이웅은 자료를 다시 훑어보고는 고개를 끄덕였다.

"일리가 있군. 그 의류업체의 망판 제조 공장으로 가서 조사해 봐야겠어."

이웅은 팀을 이끌고 나가면서 지안에게 두 아이를 집에 잘 데려다주라고 부탁했다. 지안은 두 남매에게 책가방을 챙기라고 하고는 차를 타라고 했다.

명안은 차에서도 계속 질문을 던졌다.

"감식관님, 왜 이 사건이 망판 제조 공장과 관련이 있다고 생각했어요?"

지안은 운전을 하면서 대답했다.

"디자이너가 옷의 디자인을 완성하면 망판 제조 공장에 의뢰해서 망판부터 만들어야 원단에 그 디자인을 인쇄할 수 있어. 범인이 입고 있었던 옷은 정품과 디자인이 완전 똑같은데 원단만 달라. 그 말은 누군가가 똑같은 망판을 이용해서 비교적 싼 옷감에 원본 디자인을 찍어 모조품을 만든 후, 그걸 판매했을 수도 있다는 뜻이지. 그렇다면 누가 진품과 똑같은 망판을 가지고 있을까? 가능성이 가장 높은 건 당연히 망판 공장이겠지. 범인의 옷은 바로 그 공장에서 만들어진 모조품일 거야."

차가 집 앞에 도착했을 때, 마침 지안의 무전기에서 이웅의 격양된 목소리가 들려왔다.

"지금 망판 제조 공장 입구에 주차된 차를 한 대 발견했는데, 차종과 색깔이 아이를 납치하려 했던 범인의 것과 같아. 제대로 찾아온 것 같아. 지금 당장 들어가서 수색해야겠어!"

무전이 끝나자 지안이 웃으면서 명설과 명안에게 말했다.

"늦었으니까 집에 들어가면 얼른 씻고 자렴. 사건에 대해서 이러쿵저러쿵 토론하지 말고 말이야. 안 그러면 엄마 아빠가 화내실 테니까. 이웅 반장에게 부탁해서 수사 상황을 문자메시지로 보내라고 할게."

두 남매는 지안이 자신들에 대해 너무 잘 안다고 생각하면서 고개를 끄덕였다.

다음 날 아침, 명설과 명안이 일어났을 때 휴대전화에 이웅이 보낸 문자메시지가 와 있었다.

"범인은 이미 잡혔어. 망판 공장 사장이었어. 도박에 빠져서 큰 빚이 생기자 명품을 사칭한 모조품을 만들었고, 아이를 납치해서 몸값을 요구한 뒤 그걸로 한몫 챙기려고 했지. 하지만 납치도 실패하고 스스로 만들어 입은 가짜 옷 때문에 신분까지 탄로 나고 말았어. 정말로 큰 죄를 지은 거지."

명안은 학교에 가는 도중에 황선을 만났다. 황선은 무척 기뻐하며 명안에게 말했다.

"오늘 아침에 경찰이 범인을 잡았다고 연락해 왔어."

명안이 활짝 웃으면서 말했다.

"나도 알아. 정말 다행이야!"

사건 너머의 과학

아크릴 섬유는 합성 섬유의 일종이다. 주요 단량체(화학 반응으로 고분자 화합물을 만들 때 단위가 되는 물질—옮긴이)는 아크릴로니트릴이고, 그 구조는 아래 그림과 같으며, 평균 분자량은 약 1,100,000 g/mol이다. 듀폰사가 1941년에 처음으로 아크릴 섬유를 만들었으며, '올론'이라는 이름으로 상표화했다. 나일론은 양모와 유사한 성질을 가지고 있으며 일반적으로 카펫, 스웨터, 또는 돛을 만드는 데 사용한다.

$$\left[\begin{array}{c} \text{CN} \\ | \\ {*}{-}CH_2{-}CH{-} {*} \end{array} \right]_n$$

아크릴로니트릴

섬유를 검사하는 첫 번째 단계는 연소법이다. 그중에서도 양모와 합성 섬유는 모두 악취가 날 수 있다. 특히 아크릴 섬유는 자극적인 냄새가 나는데, 아크릴로니트릴의 구조에 −CN 작용기가 있어서 일단 연소되면 치명적인 가스인 시안화수소(HCN)가 다량 발생하기 때문이다. 현대 사회에서는 화재가 발생했을 때, 불에 타 죽는 경우보다 이런 합성 섬유가 연소할 때 나오는 유독성 연기 때문에 죽는 경우가 많다.

경찰과 인류학자의
합동 작전

깊은 밤, 인적이 드문 깜깜한 공원묘지에 검은 옷을 입은 세 사람이 나타났다. 그들은 검은 옷에 검은 모자까지 쓰고 있어서 손을 뻗으면 손가락이 보이지 않을 정도로 어두운 공원묘지에서 도저히 얼굴을 알아볼 수 없었다. 하지만 자신들은 머리에 헤드램프를 쓰고 있어서 한 발짝 떨어진 곳까지 훤히 볼 수 있었다.

앞장 선 사람은 체격이 건장하니 젊은 남자인 듯 보였다. 그는 손에 막대 모양의 기구를 들고 있었다. 막대기 끝에는 '밭 전(田)'자 모양의 금속 링이 달려 있었고, 막대기 위쪽에는 검고 네모난 상자가 있었다. 그는 막대기 끝에 달린 금속 링을 무덤 위

흙더미 쪽으로 내밀었다. 그런 후에 고개를 숙이고 소리를 집중해서 들었다. 얼마 후, 그는 고개를 내저으며 또 다른 무덤 쪽으로 가더니 조금 전에 했던 동작을 반복했다.

나머지 두 사람은 그의 뒤를 졸졸 따라다녔다. 체격으로 봐서 그중 한 사람은 젊은 여자 같았는데, 어깨에는 곡괭이를 메고 손에는 커다란 자루를 들고 있었다. 깊은 밤에 공원묘지에 오다니 참으로 대담한 여자였다.

또 다른 한 사람은 빼빼 마른 젊은 남자인데, 삽을 어깨에 멘 채 절뚝절뚝 걸었다. 그는 두 사람 뒤를 졸졸 따라다녔는데, 울퉁불퉁한 묘지 위를 걷는 것이 무척 힘들어 보였다. 얼마 후 그가 결국 불평을 늘어놓았다.

"형님, 그렇게 빨리 걷지 마세요. 제가 지금 발이 아픈 걸 뻔히 아시면서…."

형님은 성가시다는 듯 말했다.

"너 지금 뭐라고 툴툴거리는 거야? 돈이 필요하다고 사정하기에 기껏 끼워줬더니! 안 그러면 네 형수보다도 굼뜨고 방해만 되는 널 끼워 줬겠어?"

절름발이는 형님이 화를 내는 것을 보고는 감히 더 이상 뭐라고 하지 못했다.

"알았어요, 알았어. 후딱후딱 걸을 테니 다음에 또 끼워주세요. 이거 못하면 진짜 집세고 병원비고 다 못 낸다니까요."

그러자 형수라고 불리는 여자가 웃으면서 말했다.

"아안, 걱정하지 마세요. 요번에 아안이 가져온 금속탐지기가 유용하다면 다음에도 형님이 당신을 끼워줄 테니까요! 듣자 하니 이곳 공원묘지에는 부자들이 많이 묻혀 있고 부장품 중에는 금은 장신구가 많다고 하더라고요. 이번 일이 순조롭게 끝난다면 한몫 단단히 챙길 거예요!"

그때 형님이 들고 있던 검은 상자에서 삐삐 소리가 났다. 세 사람은 동시에 흥분해서 소리쳤다.

"찾았다! 여기야!"

형님은 손에 들고 있던 기구를 한쪽으로 내팽개치고 여자에게 손을 내밀면서 말했다.

"여보, 곡괭이 줘."

자신이 열심히 하고 있다는 것을 보여주고 싶었던 절름발이 아안은 형님의 명령이 떨어지기도 전에 삽으로 무덤의 흙을 파기 시작했다. 형님도 곡괭이를 높이 들고 흙더미를 힘껏 파내려 갔다. 발굴은 약 한 시간가량 계속되었다.

"좋아, 좋아. 오늘은 수확이 괜찮군!"

형님은 무덤에서 파낸 물건들을 자루에 넣고 구덩이 위로 훌쩍 뛰어 올라왔다. 아안도 구덩이를 기어서 올라와 형님의 뒤를 따르며 말했다.

"형님, 여기 더 있어요."

아안은 그렇게 말하다가 불안정한 걸음 때문에 비틀거렸고, 그 바람에 땅바닥에 넘어지고 말았다. 그가 손에 쥐고 있던 물건들이 바닥으로 떨어지면서 맑은 소리를 냈다. 형님이 한마디 했다.

"그 도자기들은 가져가지 말자고 했는데 기어코 들고 나왔군."

"아무래도 이게 보통 도자기는 아닌 것 같아요. 값이 엄청나게 나가는 골동품일지도 모르잖아요."

아안이 그렇게 둘러대면서 땅에 떨어진 도자기들을 헤드라이트로 비춰보았다.

"괜찮네. 깨지진 않았어."

아안은 그 도자기들을 주워 들고서 다시 형님을 뒤따라갔다. 형수는 꺼림칙한 표정으로 말했다.

"거기 두 사람, 파낸 물건들은 모두 산골짜기 물에 깨끗이 씻고 나서 자동차로 가져가세요!"

명설 가족은 설날 연휴 기간에 타이중 세계 꽃박람회를 참관할 계획이었다. 원래는 타이중에서 하룻밤 자려고 아빠가 인터넷으로 방을 알아보았는데, 설날이라 뜻밖에도 숙박료가 너무

비쌌다.

"똑같은 호텔이 지난번에는 1박에 62만 원 정도였는데, 지금은 200만 원이네. 어떻게 그럴 수 있지?"

아빠가 깜짝 놀라자 엄마가 투덜거리며 말했다.

"30퍼센트 올랐다면 그래도 납득이 될 텐데 세 배 넘게 오른 건 정말 말도 안 돼요."

아빠는 한숨을 내쉬면서 노트북을 닫았다.

"우리가 대화를 하는 동안 그 방도 예약이 끝났어. 이젠 290만 원 방만 남았어. 이렇게 비싼데도 앞다투어 예약하다니!"

결국 명설 가족은 당일치기 여행을 가기로 결정했다.

여행 당일, 명설 가족은 선강까지 승용차를 타고 간 뒤, 셔틀버스로 갈아타고 박람회 단지로 이동하려고 했다. 그런데 휴게소에서 뜻밖에도 감식 전문가 지안과 마주쳤다. 명설이 깜짝 놀라 물었다.

"감식관님도 여기 놀러 오셨어요?"

지안은 옆에 있는 경찰차를 가리키며 쓴웃음을 지었다.

"나한테 그런 복이 있을 리 없잖아. 도굴 사건이 하나 발생했는데, 상부에서 나한테 감식을 도와달라고 요청해서 거기 가는 길이야. 지난 2년 동안 두 차례나 도굴 사건이 있었던 곳이야. 첫 번째는 작년에 제13호 공원묘지에서 발생했고, 이번에는 제

16호 공원묘지에서 발생했어. 조상에 대한 불경한 범죄가 잇따르자 순박한 시골 주민들이 무척 분노했어. 그래서 경찰은 하루 빨리 사건을 해결해야 한다는 압력에 시달리고 있지."

그 말을 듣고 명설과 명안은 곧바로 엄마를 쳐다보며 간절히 말했다.

"우리도 감식관님 따라서 사건을 해결하러 가면 안 돼요?"

엄마는 황당하다는 듯 물었다.

"꽃박람회 보려고 여기까지 온 건데, 어떻게 사건이란 말만 듣고 금방 마음이 바뀔 수 있니?"

하지만 엄마는 아이들의 부탁을 거절하지 못하고 결국 그들이 지안을 따라가는 것을 허락했다. 지안도 증거 수색을 마치면 아이들을 타이중까지 데려다주겠다고 약속했다.

명설과 명안은 경찰차를 타고 푸옌으로 향했다.

공원묘지 주변에는 이미 통제선이 설치되어 있었다. 현지 관할 지국의 국장은 현장에서 대기하고 있다가 지안이 오자마자 사건에 대해 브리핑해 주었다.

"이번 도굴 사건은 지난해 발생했던 것과 매우 흡사해요. 두 사건 모두 우리 지역 공원묘지에서 발생했으며, 똑같은 신발 자국이 일부 나왔어요. 아무래도 동일범이 저지른 짓 같습니다. 하지만 작년에 제13호 공원묘지에서는 22곳의 무덤이 파헤쳐졌는데, 이번 제16호 공원묘지에서는 단지 4곳의 무덤만 파헤쳐졌습니다. 그 무덤들은 모두 10년 이상 된 무덤이었고, 조사 결과 가족들이 모두 금으로 만든 부장품을 관에 함께 묻었다고 합니다."

지안은 잠시 생각하더니 말했다.

"22곳과 4곳이라고요? 숫자가 많이 차이 나는 걸 보니, 작년에는 무덤을 여기저기 마구잡이로 파헤쳤지만 올해는 금속탐지기라도 사용한 모양이군요. 그래서 이렇게 넓은 공원묘지에서 금이 들어 있는 무덤을 정확히 찾아내 파헤친 거죠."

국장이 말했다.

"그럼 최근에 금속탐지기를 산 사람이 있는지 추적해 봐야 할까요?"

지안이 고개를 끄덕였다.

"당연히 그래야죠. 그런데 금속탐지기 원리가 생각보다 간단해서 혹시라도 범인들이 직접 만들었을 수도 있어요. 그러니 전자학을 잘 아는 사람도 조사해야 해요. 그 외에 아까 똑같은 신발 자국이 일부 나왔다고 하셨는데, 그렇다면 지난번과 다른 신발 자국도 나왔다는 말씀인가요?"

"네! 우리는 지난번에 남겨진 신발 자국의 꽃무늬를 대조해서 운동화 브랜드를 알아냈고, 그것이 각각 남자 신발과 여자

신발이라는 걸 알아냈어요. 아쉽게도 신발 주인이 누구인지를 알아낼 방법은 없었고요. 그런데 그때 나온 신발 자국과 똑같은 브랜드와 크기의 자국이 이번에도 나왔어요. 그리고 또 다른 신발 자국이 하나 더 나왔죠. 그 자국은 두 발에 가해지는 힘의 무게와 보폭에서 매우 큰 차이가 났습니다. 왜 그런지 이유를 도통 모르겠더군요. 그래서 전문가를 보내달라고 상부에 부탁했던 겁니다."

국장은 파헤쳐진 흙더미 옆으로 지안을 데리고 가서 신발 자국을 보여주었다. 명설과 명안이 따라가서 보니 국장이 가리킨 곳에 난 신발 자국에는 '사람인(人)' 자 무늬가 있었다. 신발 중간에는 여러 개의 평행한 가로줄도 있었다.

지안은 카메라를 꺼내 여러 각도에서 신발 자국을 찍은 뒤, 쪼그리고 앉아서 그것을 자세히 관찰했다.

"세 번째 범인의 발자국은 대단히 특이하군요. 국장님이 말씀하신 대로 두 발에 가해지는 힘과 보폭의 차이가 상당히 커요. 이건 그 사람이 절름발이처럼 발을 절뚝거리고 있었다는 것을 증명하는 겁니다. 그런데 오랫동안 절뚝거린 사람은 양쪽 신발 바닥의 마모 상태도 차이가 크게 나는데, 이 신발 바닥은 마모 상태가 매우 대칭적입니다. 그러니까 그 사람은 최근에야 다리를 절뚝거리게 된 것 같아요. 국장님은 근처 병원에 연락해서 최근에 발을 다친 환자가 있었는지 알아보세요."

국장은 감탄하며 말했다.

"역시 전문가는 다르군요. 그러면 수사 방향이 잡힐 것 같아요."

이어서 지안과 국장은 파헤쳐진 무덤을 살펴보러 갔다. 두 아이는 차마 그것을 볼 용기가 없어서 옆에서 기다렸다.

심심해서 주변을 두리번 거리던 명안은 문득 땅에 떨어진 조그마한 물체를 발견했다. 명안이 쪼그리고 앉아서 자세히 살펴보니 깨진 도자기 파편이었다. 명안은 그것을 가리키며 누나에게 말을 건넸다.

"만약 오래전에 떨어진 물건이라면 비바람을 맞고 더러워졌을 텐데 이 도자기 파편은 반짝반짝 윤이 나. 내 생각에 이건 범인들이 남긴 것 같아."

국장과 지안이 그 소식을 듣고 달려왔다. 국장은 휴대전화로 경찰관에게 지시하여 파헤쳐진 무덤의 가족들에게 금 부장품 외에 도자기도 함께 묻었는지 알아보라고 했다. 결과는 매우 빠르게 나왔다. 넷 중 한 무덤의 망자가 생전에 골동품 도자기 수집을 좋아해서 가족들이 도자기를 부장품으로 묻은 사실이 있었다. 흥분한 국장은 통화 중이던 휴대전화를 잠시 손으로 막고는 명안에게 말했다.

"어린 친구, 네가 매우 중요한 걸 발견했어! 만약 이 도자기들의 형태를 알아낼 수 있다면 장물 처분 경로를 통해서 범인의 신원을 추적할 수 있을 거야."

하지만 뒤이어 전해진 소식은 아쉽게도 사람들을 맥 빠지게 했다. 무덤을 덮은 지 너무 오래되어 가족들이 그 도자기의 형태나 디자인을 전혀 기억하지 못한다는 사실이었다.

지안이 장갑을 끼고 도자기 파편을 증거물 봉투에 넣으며 말했다.

"이 파편은 크기가 무척 작아요. 그래서 범인들도 도자기가 깨진 것을 알아차리지 못했을 겁니다. 그런데 작아도 너무 작아서 도자기 전체의 형태를 전혀 파악할 수는 없어요. 그나마 반짝반짝 빛나는 걸 보면 유약을 발랐다는 걸 알 수 있으니까, 가져가서 유약을 분석해 보면 약간의 정보를 얻을지도 모릅니다."

지안의 말에 국장이 자신의 계획을 밝혔다.

"그럼 저희는 발 부상 환자와 전자학 지식을 가진 사람을 조사할 테니, 그쪽에서도 유약 분석 결과가 나오면 즉시 알려주세요."

"물론이죠!"

네 사람은 정중히 인사를 나눈 뒤 헤어졌다. 지안의 차가 고속도로로 접어들자 지안이 말했다.

"지금 타이중으로 가고 있으니 너희는 일단 부모님과 합류하렴. 어쨌거나 짧은 시간 내에 이렇게 작은 파편에서 사건의 실마리를 찾기란 쉽지 않으니까."

명안은 자신이 아는 사람 중에 이 문제를 도울 사람은 없는지 머릿속으로 곰곰이 생각해 보았다. 그러다가 지난번 가족 여행에서 만났던 펑크 머리의 인류학자 아저씨를 생각해 냈다.

'고대 유물 도자기를 연구하는 그 아저씨가 혹시 이런 도자기도 연구할까?'

당시 그는 명안에게 명함을 남겼는데 명안이 그것을 휴대전화로 찍어두었다. 명안은 명함 사진을 찾아 그 번호로 전화를 걸어보았다. 뜻밖에도 펑크 머리 아저씨는 호탕하게 웃으면서 말했다.

"하하하, 사실 우리 인류학자가 오래된 무덤을 툭하면 파헤치는 게 도굴꾼이 하는 짓과 상당히 비슷하긴 하지! 다만 우리는 학술 연구를 위해서 그런 일을 하고, 도굴꾼처럼 물건을 함부로 훼손하지 않을 뿐이야. 일단 그 파편을 보내주겠니? 단서를 찾을 수 있을지 한번 알아볼게."

그러면서 아저씨는 연구실 주소를 알려주었다.

통화가 끝나자 지안이 남매에게 말했다.

"분석 작업 결과는 그렇게 금방 나오지 않을 거야. 시간이 좀 걸려. 내가 도자기 파편을 그 사람에게 보낼 테니, 너희는 우선

215

꽃박람회장에 가서 부모님을 만나. 분석 결과가 나오는 대로 너희에게 알려줄게."

아이들은 일리 있는 말이라 생각하며 그렇게 하기로 했다.

남매가 꽃박람회장에 도착했을 때, 마침 박람회장에서는 승마 공연이 펼쳐지고 있었다. 명설 가족은 다른 단지를 더 둘러보고 기념품을 산 뒤 집으로 돌아왔다.

연휴가 끝나고 학교에 가야 했지만, 명설과 명안은 아직 해결되지 않은 사건 생각에 괜히 마음이 걸렸다. 그런데 학교에 가기 직전, 뜻밖에도 지안으로부터 전화가 걸려왔다.

"푸옌 지국 국장이 전화를 했어. 관할 구역 인근의 병원 진료 기록을 통해 최근에 발을 다친 환자의 명단을 알아냈고, 그들의 면면을 조사해 본 결과 전자공학과를 졸업한 허준안이라는 사람을 찾아냈다고 말이야. 허준안은 최근에 사람들과 다투다가 발을 다쳤다더구나. 경찰 측은 그의 축구화 밑창 무늬가 현장에 남아 있던 신발 자국과 일치한다는 것을 밝혀냈고, 그의 집에서 도자기도 몇 점 찾아냈어."

명안이 흥분해서 소리쳤다.

"범인을 잡았군요!"

"아직은 아니야! 허준안이 범행을 인정하고 있지 않거든. 우리가 더 많은 증거를 확보해야만 영장을 발부하도록 검찰을 설득할 수 있어. 현재는 펑크 머리 아저씨의 분석 결과가 나오기만을 기다리고 있단다. 휴…. 그나저나 연구실에 가서 봤더니 그 사람, 인류학 박사더구나. 앞으로는 그 사람을 유 박사님이라고 불러야 한다. 알았지?"

명안은 펑크 머리 아저씨를 처음 만났을 때를 떠올렸다. 그는 자신을 인류학자라고 했지만, 하는 일은 분명 고고학자처럼 보였다.

"인류학과 고고학은 뭐가 다르죠?"

명안의 물음에 지안이 설명을 이어갔다.

"인류학은 고대와 현대 인류의 행위를 연구하는 것으로 그 범위가 매우 넓어. 연구 내용에는 고고학, 생물학, 문화와 언어 등의 영역이 포함되지. 그래서 어떤 나라에서는 고고학을 인류학의 한 갈래로 여긴단다. 어쨌든 지금으로서는 허준안 집에 있던 도자기와 현장에서 발견된 도자기 파편의 출처가 같다는 것을 증명할 수 있을지 유 박사님의 분석 결과만 기다리고 있어."

명안은 자신이 발견한 작은 조각이 죄를 입증할 수 있는 중요한 열쇠가 될 줄은 생각지도 못했다. 그는 방과 후에 펑크 머리 아저씨의 실험실로 가서 분석 진행 상황을 물어보기로 했다. 명설도 함께 가겠다고 했다.

방과 후에 그들은 유 박사가 있는 실험실로 가서는 지안의 당부대로 공손히 인사를 드렸다.

"유 박사님, 안녕하세요!"

"아이고, 그렇게 깍듯이 대하지 말고 그냥 편하게 아저씨라고 불러."

유 박사는 호탕하게 웃으며 손사래를 쳤다. 그러고는 헛기침을 한 뒤 말을 이었다.

"최종 분석 결과가 오늘 오후에 막 나왔고, 이미 경찰에 제출했어."

"얼른 결과를 알려주세요!"

"조급해 하지 말고 잘 들어."

유 박사가 침착하게 말을 이었다.

"도자기 파편 위의 유약을 분석했는데, 우리 인류학자들은 유약의 원소 비율과 각 동위 원소의 비율로 유약의 원산지를 판단할 수 있거든."

"정말 대단해요!"

남매는 유 박사를 우러러보지 않을 수 없었다.

"그 파편은 통안 지역 가마에서 구운 청자 그릇으로 보이고, 그 위에 있는 무늬는 참빗살무늬인 것 같아."

"네? 그게 뭐예요?"

명설은 참빗이 아주 가는 빗이라는 것은 알고 있었지만, 그게 도자기와 무슨 상관인지 짐작되지 않았다.

"참빗살무늬는 도자기의 전통 무늬 중 하나로, 참빗과 같은 도구로 도자기 표면에 물결무늬를 한 줄 한 줄 그어 넣은 것을 말해."

유 박사는 컴퓨터에서 도자기 사진을 불러냈다.

"이 사진을 지안 씨에게 보내니까 그분이 용의자의 집에서 찾은 도자기 그릇이 바로 이런 디자인이라는 답장을 바로 보내왔어. 용의자는 죄를 순순히 자백할 수밖에 없었지. 공범인 다른 용의자 두 명도 자백을 했다더구나"

"와! 이번 사건을 인류학자가 해결할 줄은 생각하지도 못했어요."

"하하하, 인류학자가 평소에 하는 일이 고분에서 각종 단서를 찾아내는 일이야. 마치 탐정 같지 않니? 그러니까 우리는 유물 탐정이라고 말할 수 있지."

명안이 환하게 웃으면서 말했다.

"지난번에는 인류학자의 일이 도굴꾼 같다고 하시더니 이번에는 탐정 같다고 하시네요. 너무 상반되잖아요!"

"그렇지 않아! 내 펑크 머리가 인류학자인 나에게 생각보다 잘 어울리는 것처럼 말이야."

사건 너머의 과학

　　도자기 그릇의 밑부분을 손으로 만져보면 통상적으로 비교적 거칠게 느껴진다. 그것은 그 부분에 유약이 발리지 않아서 그렇다. 다른 부분에는 유약을 발라 유리처럼 매끈하다.

　　유약은 대단히 촘촘해서 기체, 물, 바이러스도 뚫을 수 없다. 유약은 도자기 표면에 색상과 장식 무늬를 더할 수 있다.

　　유약 속에는 규소 외에 납, 스트론튬, 칼륨과 같은 금속 산화물이 포함되어 있다. 각지에서 생산되는 유약은 성분이 모두 다르다. 같은 배합이라도 광물 공급원이 다르면 동위원소 비율도 다르기 때문에 그러한 정보를 이용해 도자기의 원산지를 판단할 수 있다.

　　인류학과 범죄 감식 업무에서 유약을 분석하는 일은 대단히 중요한 도구로 활용된다.

마취제에 쓰러진
형사반장

형사반장 이웅이 서류 가방을 들고 병원 지하 주차장에 들어섰다. 늦은 밤이어서 주차장 안은 텅 비어 있었다. 사람은 한 명도 없었고 주차된 자동차도 몇 대뿐이었다. 이웅의 발걸음 소리가 광활한 주차장에 메아리쳤다.

그는 하품을 했다. 오늘은 몹시 피곤한 하루였다. 낮에는 몇 건의 자잘한 형사 사건이 연달아 발생해서 정신이 없었고, 오후에는 해변 빌라촌에서 방화로 의심되는 사건이 발생했다는 신고를 받고 파트너 린 경관과 차를 몰고 가서 조사를 했다. 저녁 무렵에 겨우 퇴근하려는데 갑자기 검찰관이 그에게 지시하길, 한 병원에서 의료 과실로 의심되는 사건이 발생했는데 앞으로 조사에 도움이 되도록 즉시 그곳으로 가서 관련 자료를 압수해야 한다고 했다. 그래서 이웅은 린 경관을 먼저 퇴근시키고, 혼자 병원으로 향했다.

이웅의 서류 가방에는 압수한 진료 기록들이 들어 있었다. 그는 그것을 빨리 지검으로 넘기고 집에 가서 자고 싶을 뿐이었다.

그런데 그때 갑자기 주차장 기둥 뒤에서 누군가 불쑥 튀어나오더니 이웅의 등 뒤에서 주먹을 휘둘렀다. 이웅은 무방비 상태에서 주먹을 맞고 몇 걸음 비틀거리다가 바닥으로 넘어졌다. 이웅이 몸을 일으키려고 하자 상대방은 곧바로 달려들어 그의 어깨를 짓눌렀다. 그때 또 다른 기둥 뒤편에서 또 다른 누군가가 나왔다. 그는 미리 준비한 주삿바늘을 재빨리 꺼내 이웅의 목에 찔러 넣었다. 이웅은 곧바로 정신을 잃고 말았다.

5분 정도 지난 뒤, 이웅은 서서히 정신을 차렸다. 그는 콘크리트 바닥에 누워 있는 자신을 발견하고 나서야 그곳이 병원 지하 주차장이었음을 떠올렸다.

이웅은 힘겹게 몸을 일으켜 자기 몸부터 살펴보았다. 옷이 더러워진 것 외에는 별다른 외상이 없었다. 그런데 서류 가방이 보이지 않았다. 이웅은 상당히 난감했다. 본인이 형사인데 경찰에 신고해야 하다니. 하지만 수사를 위해 그는 현장에 남아서 증거를 보존할 수밖에 없었다.

주머니를 만져보았더니 다행히 휴대전화가 그대로 있었다. 이웅은 휴대전화를 꺼내 신고센터 전화번호를 눌렀다.

다음 날 아침, 텔레비전을 켠 아빠가 뉴스를 보더니 탄식했다.

"저런! 어쩌다가 경찰까지 공격을 당했을까."

아침 뉴스 앵커는 어젯밤에 한 병원 지하 주차장에서 형사가 습격당하는 사건이 발생했다고 보도했다. 명설이 다가와서 뉴스를 보더니 말했다.

"세상에! 저 사람, 이웅 아저씨 아닌가요?"

화면에 습격당한 형사의 프로필 사진이 떴는데 이웅이었다. 아빠는 다급히 이웅에게 전화를 걸었다. 다행히 금방 연락이 닿았다.

"이봐, 뉴스에서 자네가 어제 습격을 당했다던데, 괜찮은 거야?"

이웅의 목소리가 전화기를 통해 흘러나왔다.

"다친 데는 없어. 뒤통수를 한 대 얻어맞은 뒤 목에 주사를 맞았거든. 좀 창피할 뿐이야."

자초지종을 들은 아빠는 이웅을 위로해 주었다.

"일하다가 공격당한 거잖아. 공무 중에 다친 건 영광인데 창피하다니? 그나저나 괴한에게 맞았다는 그 주사는 대체 무슨 주사지? 사람을 곧바로 기절시키다니 정말 무섭군. 부작용은

223

없는 거야? 병원에 가서 검사를 받아봐야 안심이 될 것 같은데."

"장관님도 그렇게 말씀하셨어. 병원에서 경과도 지켜보고 치료도 받으라고 지시하셨지. 게다가 이번 사건은 내가 맡지 말고 린 경관에게 인계하라고 하시더군. 이런, 지금 의사가 들어왔네. 전화 끊어야겠어."

이웅은 황급히 전화를 끊었다. 다행히 이웅에게 큰 부상이 없다는 것을 안 아빠는 다시 텔레비전 뉴스를 보러 갔다.

오늘은 휴일이라 엄마와 명안은 평소보다 늦게 일어났다. 명설은 간밤에 발생한 형사 사건의 수사에 당장이라도 참여하고 싶었다. 그 사건으로 이웅 아저씨가 다쳤으니 가만히 있을 수가 없었다. 명설은 마음을 정한 후에 아빠에게 외출하겠다고 말했다.

병원에 도착한 명설은 우선 지하 주차장으로 가보았다. 이웅이 공격당한 장소는 노란색 테이프로 봉쇄되어 있었고, 린 경관과 감식 전문가 지안이 그곳에서 증거를 수집하고 있었다.

명설이 봉쇄 구역 밖에서 지안을 부르자, 린 경관은 경찰에게 명설을 들여보내라고 지시했다. 이번 사건은 이웅이 관여할 수 없고 린 경관이 전담하고 있기 때문에 명설은 린 경관에게 단서가 있는지 물어볼 수밖에 없었다.

"이웅 아저씨를 습격한 이유가 서류 가방을 빼앗기 위해서였다면, 그 가방 안에 아주 중요한 자료가 들어 있었나 봐요?"

린 경관은 명설의 질문을 듣고는 차근차근 말해주었다.

"그 점은 나도 이해가 안 돼. 우리가 어제 엄청 바빴던 건 맞지만 전부 사소한 사건들이었거든. 술을 마시고 시비가 붙었거나 남에게 불편을 주었거나 하는 문제들이었지. 그런 종류의 솜방망이 사건들은 설령 사건이 성립된다고 해도 큰 형벌을 받지 않아. 그런데 그런 소소한 문제 때문에 경찰을 습격하고 공문서를 가져간다는 건 말이 안 되잖아?

그중 그나마 좀 큰 사건이 바닷가 빌라촌의 방화 의심 사건이야. 그곳에 가서 당사자와 목격자 진술을 다 받고 난 후, 검찰관이 병원에 가서 진료 기록을 압수하라고 지시했어. 근데 내가 어젯밤에 볼일이 좀 있었거든. 그래서 반장님은 나를 도시철도역에 내려준 후에 혼자 병원으로 직접 운전해서 가셨지. 그러니 당시 반장님의 서류 가방에 들어 있던 건 화재 관련 진술서와 병원 진료 기록이 전부였을 거야. 그런데 오늘 아침에 소방서 화재조사과에서 전화가 왔는데, 빌라촌 사건은 전선에 불이 나서 일어난 사고일 뿐, 인위적인 방화는 아니라는 결론이 났대."

명설은 말뜻을 금방 알아들었다.

"방화는 사건 성립이 되지 않는다는 말이군요. 그렇게 되면 서류 가방에 든 것 중 유용한 건 병원 진료 기록뿐이네요."

"맞아. 하지만 누가 진료 기록 서류 때문에 경찰을 습격하겠니? 일단 의료 과실은 보통 돈으로 보상하면 되니까 굳이 경찰까지 습격할 필요가 없어. 게다가 요즘 병원 진료 기록들은 모두 컴퓨터에 저장되어 있으니 종이 서류 자체를 없애는 건 아무 소용이 없잖아!"

듣고 보니 그랬다.

"지하 주차장 안에 감시 카메라가 있죠?"

"있지. 내가 봤는데, 반장님 진술대로 반장님을 공격한 사람은 두 명이었어. 두 사람 모두 기둥 뒤에 숨어 있다가 한 사람이 먼저 나와 뒤에서 반장님을 공격했고, 그 후 또 한 사람이 나와 주사로 반장님을 기절시켰어. 아쉽게도 두 사람 모두 모자에 마스크를 쓰고 있어서 얼굴을 알아볼 수가 없어."

명설은 고개를 돌려 지안에게 물었다.

"감식관님, 주사 안에 든 약은 뭐죠?"

지안이 바닥을 수색하며 말했다.

"아마도 마취제겠지. 하지만 아직 확실하지 않아. 그래서 나도 지금 찾고 있어. 괴한들이 반장에게 주사를 놓으려고 서두르다가 약병이나 잘린 파편 같은 걸 떨어뜨렸을지도 모르니까. 아직은 찾지 못했어."

명설은 잠시 생각해 보고는 린 경관에게 물었다.

"아저씨, 영상을 보셨으니까 두 번째 괴한이 어느 기둥 뒤에 숨어 있었는지 아시죠?"

린 경관은 자신의 등 뒤에 있는 한 기둥을 가리키며 말했다.

"저기야."

명설은 그 기둥 뒤로 달려가 쭈그리고 앉아서 양쪽 차 밑을 들여다보았다. 그러다가 한 자동차 밑에서 집게처럼 생긴 작은 플라스틱 도구를 발견했다. 명설은 그런 물건을 본 적이 없었다. 그래서 어쩔 수 없이 지안을 불러 무엇인지 봐달라고 했다. 지안은 장갑을 낀 손으로 그 집게를 집어 들고는 말했다.

"이건 앰풀^{Ampoule} 따개야."

앰풀은 주사액이 든 작은 유리병으로, 예전에 명설은 의료진이 하트 모양의 커트기를 가지고 앰풀 뚜껑을 잘라내는 것을 본 적이 있었다. 하지만 플라스틱으로 만든 집게는 명설도 처음 보았다. 그런데 조금만 생각해 보면 사용법을 충분히 짐작할 수 있었다. 아마도 집게로 앰풀의 목을 붙잡고 비틀어 따는 것 같았다.

"따개가 있으니 근처 어딘가에 뚜껑이 잘린 앰풀이 있을 거야. 다시 찾아보자."

"혹시 저것인가요?"

지안은 명설이 가리키는 손가락을 따라 통제선 밖에 있는 다

른 차의 왼쪽 뒷바퀴를 보았다. 깨진 앰풀이 하나 놓여 있었다. 앰풀 본체는 투명했고, 앰풀 바닥에는 유백색 액체가 여전히 약간 남아 있었다. 지안이 조심스럽게 앰풀을 집어 들었다.

린 경관도 그곳으로 달려왔다. 앰풀이 깨져 그 위에 붙어 있는 라벨이 훼손되어 있었기에 린 경관은 글씨를 알아보려고 애를 썼다.

"프로포…."

지안이 금방 알아채고는 말했다.

"프로포폴이었군요. 일종의 전신마취제예요. 유백색이어서 우유 주사라고도 부르고요. 그 주사를 맞으면 약 2분 안에 약효가 나타나는데, 용량에 따라서 정신이 혼미해질 수도 있고 혼수상태에 빠질 수도 있어요. 그러다가 대략 5분~10분 후에 다시 깨어나죠. 이웅 반장님이 습격을 받았을 때 상황과 딱 맞아떨어지네요."

명설은 곧바로 또 다른 의문점을 떠올렸다.

"이런 약은 일반 약국에서 살 수 있나요?"

지안이 고개를 내저었다.

"당연히 살 수 없지! 이건 전문의약품이야. 그 괴한들, 정말 잔인하구나. 고작 서류 가방 하나 빼앗으려고 이런 무서운 약을 사용하다니. 이 약은 호흡곤란 등의 심각한 합병증을 유발할 수도 있어. 그래서 반드시 응급 장비가 갖춰져 있는 곳에서 마취 전문의가 투여해야 해."

명설은 한참을 망설이다가 얼굴을 찌푸리며 말했다.

"그럼… 범인이 서류 가방을 들고 간 목적은 역시나 진료 기록을 가져가려는 것이네요."

린 경관이 미간을 찌푸리며 고개를 갸우뚱했다.

"왜 진료 기록을 가져가려고 한 걸까?"

"그건 저도 모르겠어요. 하지만 프로포폴이 전문의약품이라서 일반인이 쉽게 구할 수 없는 것이라면, 이웅 아저씨를 공격한 범인은 병원 내부 사람이고 범행 목표가 진료 기록일 가능성이 커요."

"일리 있군!"

린 경관은 그제야 이웅 반장이 사건을 해결할 때 왜 명설 남매의 의견을 주의 깊게 들었는지 알 것 같았다.

"그런데 조금 전에도 말했듯이, 요즘 진료 기록은 서류뿐만 아니라 컴퓨터에도 존재하잖아요. 그러니까 범인이 컴퓨터 안에 저장된 진료 기록까지 삭제하지 않도록 서둘러 막아야 해요."

명설은 재빠르게 추리를 해냈다.

"알았어. 얼른 병원 원장을 찾아가서 컴퓨터 시스템 조사를 요청해야겠다."

세 사람은 신속하게 엘리베이터를 타고 2층 원장실로 가서 원장에게 그 사실을 보고했다. 린 경관이 정중하게 부탁했다.

"지금 당장 컴퓨터를 압수해서 병원 서류와 진료 기록을 대조해 이미 삭제된 진료 기록이 없는지 확인할 수 있도록 허가해 주십시오."

"외래진료가 곧 시작되는데 컴퓨터를 압수해 버리면 의사들이 진찰하는 데 지장을 줄 수 있어요. 치료를 늦출 수 없는 환자들도 있어요. 이거 참 큰일이군요."

병원 원장이 곤란해 하며 말했다.

"그러지 말고 정보실 직원에게 부탁해 보는 것이 좋겠어요. 그들이 매주 한 차례 병원 내 모든 진료 기록을 백업해 놓거든요. 정보실에 그걸 비교 대조해 달라고 요청하면 될 것 같습니다."

환자의 권리와 이익에 영향을 끼치는 것은 중대한 범죄라 쉽게 감당할 수 있는 일은 아니었기에, 린 경관은 병원 정보실 직원들을 믿어보는 것이 낫겠다 싶었다.

"좋습니다. 대신 제가 정보실에서 그들이 일하는 것을 지켜보겠습니다."

병원 내부에서 일어난 문제라는 사실을 안 이상, 정보실 직원도 경계해야 했다.

세 사람이 원장실을 나가려 할 때, 흰 가운을 입은 의사가 원장실로 들어와 린 경관에게 말했다.

"이웅 반장의 혈액 검사 결과가 나왔습니다. 다량의…."

지안이 말했다.

"프로포폴이 나왔겠죠."

의사가 깜짝 놀라 물었다.

"어떻게 아셨어요?"

지안이 자신의 증거물 가방을 툭툭 치며 말했다.

"우리가 주차장에서 빈 앰풀을 찾았거든요."

"다행히 이웅 반장은 별다른 부작용을 보이지 않습니다. 12시간 정도 경과를 더 지켜보고 오늘 정오쯤에도 별 이상이 없으면 퇴원시키겠습니다."

린 경관은 벽에 걸린 시계를 보았다.

"그때쯤에는 우리도 범인들을 잡았으면 좋겠군요."

병원에서는 정보실 직원들을 총동원해서 컴퓨터 시스템을 확인하게 했다. 과연 명설의 예상대로 일부 진료 기록이 삭제되어 있었다.

"어젯밤에 삭제되었군요."

정보실 주임이 말했다.

"이웅 반장이 공격을 당한 직후에 삭제된 셈이네요."

린 경관이 고개를 끄덕였다.

"분명히 동일범이 한 짓일 겁니다."

정보실 주임이 심각한 표정으로 말했다.

"이웅 반장이 가져간 진료 기록에는 의료 과실 기록이 한 건 뿐이었는데, 어제 삭제된 파일은 한 건이 아닙니다."

"그건 범인이 감추고 싶은 것이 의료 과실이 아니라 그 뒤에 더 큰 불법 행위가 있다는 것을 의미해요."

정보실 주임은 병원 내부에서 불법적인 일이 있었다고 지적하는 말을 듣고 싶지 않았다.

"그게 뭘까요?"

"그건 저도 모르죠. 하지만 찾아낼 거예요. 이제 삭제된 파일들의 공통점을 찾아주세요."

정보실 직원들은 부지런히 자료들을 비교 대조하기 시작했다. 명설은 그 틈을 타서 지안에게 프로포폴의 용도와 부작용에 관해 설명해 달라고 했다.

"프로포폴은 단시간에 환자를 진정시키거나 잠재우는 마취제야. 동시에 기분을 좋게 만들거나 환각을 일으키는 효과도 있어. 그래서 미국, 영국, 한국을 포함한 많은 국가에서 마약처럼 사용하는 일들이 종종 발생했지. 프로포폴의 오남용 때문에 발생하는 사망 사건도 적지 않아. 이미 고인이 된 마이클 잭슨도 프로포폴과 항불안제인 벤조디아제핀을 함께 사용해서 죽음에 이르게 된 거야."

"사람을 기분 좋게 만들고 환각을 일으키다니… 마약과 똑같군요…."

명설은 지안의 설명을 듣고 몇 분간 생각에 잠겨 있다가 고개를 들어 다시 물었다.

"감식관님, 마지막으로 질문 하나만 더 할게요. 수술 중에 프로포폴을 주사하는 사람은 외과 의사인가요? 아니면 마취과 의사인가요?"

"마취과 의사지. 현대의학에서는 마취가 매우 위험한 일이라고 인식하고 있어서 반드시 마취과 전문의가 마취를 시행하게 되어 있어."

명설은 여전히 바쁘게 데이터를 비교 대조하고 있는 정보실 직원들을 보면서 주임에게 말했다.

"진료 기록이 삭제된 건들의 마취과 전문의가 누구인지 살펴봐 주세요."

정보실 직원은 기록을 확인해 보고는 깜짝 놀라며 외쳤다.

"담당이 모두 닥터 위에요."

린 경관이 명설에게 물었다.

"넌 왜 마취과 의사에게 문제가 있다고 생각했어? 마취과 의사가 왜 반장님을 공격하려고 했을까?"

"일반적으로 의료 과실은 중죄가 아니고 피해 보상을 하면 되기에 굳이 경찰까지 공격해서 증거를 없앨 필요는 없어요. 그래서 배후에 더 큰 범죄 행위가 있을 것 같은 의심이 들었어요. 그러다가 프로포폴의 오남용 문제를 듣고 나니 누군가가 이익을 챙기기 위해서 그와 같은 전문의약품을 불법적으로 판매했을 수도 있겠다는 생각이 들었죠. 그런 마취제를 빼돌릴 기회가 가장 많은 사람은 마취과 의사잖아요. 실제로 투여한 양이 신고한 양보다 적으면 남은 약을 몰래 빼돌려 외부인에게 팔 수 있죠. 만약 의료 과실 사건이 법정에 서게 되면 마취제 사용량에 관심이 쏠릴 수밖에 없고, 그와 함께 수술한 외과 의사가 실제로 사용한 마취제 양이 진료 기록에 기재된 것과 일치하지 않는다는 사실을 알게 되겠죠. 그러니까 마취과 의사는 마취제의 양이 적혀 있는 진료 기록을 서둘러 없애려고 했을 거예요."

린 경관은 감탄하며 고개를 끄덕였다.

"그렇군. 닥터 위를 찾아가서 물어봐야겠다."

"누구에게 팔았냐고 물어보셔야 해요. 이웅 아저씨를 공격한 건 두 사람이에요. 아마 먼저 공격한 사람이 공범일 겁니다. 두 번째로 마취제를 주사한 사람은 닥터 위일 거고요."

지안이 벽에 걸린 시계를 보며 말했다.

"곧 정오구나. 우리는 반장님의 퇴원 수속을 도와주러 가자!"

30분 뒤, 지안과 명설이 퇴원 수속을 마치고 이웅과 함께 병실을 떠나려고 할 때, 린 경관이 닥터 위를 체포하여 병실로 들어왔다.

"모든 게 명설의 판단대로였어요. 이 사람이 프로포폴을 외부인에게 몰래 팔아서 이득을 취했더군요. 공범의 이름도 이미 자백했어요. 해당 지국 경찰들에게 알려서 공범도 체포하라고 했습니다. 지금 함께 경찰서로 가시죠!"

이웅은 린 경관의 어깨를 두드리며 칭찬했다.

"훌륭하군. 내가 입원해 있는 동안 사건을 해결하다니."

린 경관이 명설을 가리키며 말했다.

"사실 이건 다 명설 덕분이에요!"

사건 너머의 과학

프로포폴의 분자 구조는 아래 그림과 같다. 프로포폴은 단기적으로 사람의 의식이나 기억을 잃게 만드는 약물로 정맥주사를 통해 투여한다. 만약 올바르게 사용한다면 아주 유용한 전신마취제다. 하지만 심장 박동이 느려지거나 저혈압이 나타나거나, 심지어 호흡이 정지되는 등의 부작용을 가지고 있어서 매우 위험할 수 있다.

미국 미주리주 대법원에서는 사형 집행에 쓰는 약물로 프로포폴을 지정했었다. 그러나 유럽연합이 회원국들의 해당 약물 미국 수출을 제한하자, 주지사는 이 결정을 철회했다.

해외에서는 프로포폴이 환각제로 사용되는 등의 오남용 사례가 종종 발생한다. 이 약물은 부작용 위험이 매우 높기 때문에 충분한 안전 준비 없이 사용하면 치명적일 수 있으므로 반드시 조심해야 한다.

프로포폴

독약이 된
한약

수많은 사람이 오가는 공항, 여행객들이 저마다 분주히 카운터에서 탑승수속을 하고 있었다.

명설 가족은 이미 체크인을 마치고 한가롭게 공항 한쪽으로 가고 있었다. 포켓와이파이를 찾으러 가는 길이었다. 그들은 이번 오키나와 여행을 계획하면서 여행사의 자유여행 상품을 예약했는데, 사은품으로 포켓와이파이 4일 무료 대여권을 받았다.

아빠가 등록번호를 가지고 카운터로 간 사이, 명설과 명안은 설레는 마음으로 사방을 두리번거렸다. 명설 가족의 마지막 해외여행은 3년 전이었다. 남매는 너무 들뜬 나머지 어젯밤에 거의 잠을 이루지 못했고, 공항에서도 여전히 흥분이 가라앉지 않았다.

그때 명안의 눈에 옆에서 작별 인사를 하고 있던 한 중년 부부가 보였다. 부부의 복장이 화려해서 명안의 시선을 끌었다. 부인은 풍성한 파마머리에 실크 정장을 입고 가슴에 예쁜 꽃무늬 브로치를 달았는데 색상이 매우 산뜻했다. 남편은 갈색 양복에 흰 셔츠를 입었고 검은색 나비넥타이를 매고 있었다. 부인이 남편에게 미안한 표정을 지으며 말했다.

"미안해요. 나만 외국에 놀러 가서 당신 혼자 집에 있게 되었네요."

"괜찮아. 병원 문을 함부로 닫으면 안 되잖아. 혼자 있어도 괜찮으니까 친구와 재미있게 놀다 와."

남편이 의사인 모양이었다.

"그럼 얼른 돌아가요. 세관에는 나 혼자 들어가면 돼요."

그러자 남편이 손에 든 텀블러를 들어 올리며 말했다.

"내가 달인 한약 깜박했잖아."

"액체를 가지고 비행기에 탑승할 수 없어요!"

"그럼 지금 다 마시고 가!"

부인은 텀블러를 받아 한 모금 마시고는 인상을 찌푸렸다.

"약이 쓰네요."

"원래 좋은 약이 입에 쓴 법이잖아!"

부인은 인상을 쓰며 남은 한약을 단숨에 마시고는 빈 텀블러를 남편에게 돌려준 다음 싱글벙글 웃으며 출국장으로 들어갔다. 부부의 다정한 모습이 보기 좋았던 명안과 명설도 서로 마주 보며 웃었다.

잠시 뒤 아빠가 포켓와이파이를 받아왔다.

"8시 35분이네. 이제 세관에서 보안검사를 받아야 해."

모든 절차를 마치고 비행기에 탄 명안은 조금 전 공항에서 봤던 부인이 자신과 같은 비행기의 근처 좌석에 앉아서 다른 부인과 웃으며 이야기하는 것을 발견했다. 명안은 나지막이 아빠에게 말했다.

"정말 공교롭네요!"

아빠는 여행사에서 준 자료를 꺼내서 명단을 살펴보았다.

"이것 봐. 이 명단에는 모두 열 명의 이름이 적혀 있어. 우리 가족은 네 명뿐이니까, 여행사에서 개별적으로 신청한 여행객들을 하나의 단체로 묶어서 보낸 것 같아. 그러니까 저 부인은 우리와 같은 일행일 수 있고 나중에 똑같은 호텔에 묵을 수도 있어."

여행사는 그들에게 저가 항공을 배정해 주었다. 짧은 노선인데다 저가 항공이어서 기내식은 나오지 않았다.

비행기가 일본 나하 공항에 착륙했을 때, 공항에는 호텔에서 마중 나온 사람이 팻말을 들고 손님들을 찾고 있었다. 풍성한 파마머리의 부인과 그녀의 친구도 명설 가족과 같은 셔틀버스에 탔다. 오키나와의 차들은 운전석이 오른쪽에 있었다. 명안은 신기해서 눈을 뗄 수 없었다.

호텔에 도착한 후에 모두 분주히 체크인을 하려는데 뜻밖에도 호텔 직원이 영어를 한마디도 할 줄 몰랐다. 반면에 대만에서 온 관광객 중에는 일본어를 할 줄 아는 사람이 없어서 의사소통이 제대로 되지 않아 시간이 많이 지체되었다.

그러는 사이, 어느새 오후 2시가 되었다. 호텔 내 식당은 조식만 제공되고 점심과 저녁은 제공되지 않았다. 호텔 데스크는 북새통을 이루고 있어서 금방 체크인을 할 수 있을 것 같지 않았다. 다행히 그때 호텔 직원이 태블릿PC를 꺼내더니 통역회사와 연결했다. 통역사가 일본어와 중국어를 오가며 통역을 하자, 마침내 의사소통 문제가 해결되면서 투숙객들이 줄줄이 체크인을 마치고 방 열쇠를 손에 넣을 수 있었다.

아빠가 기뻐하면서 짐을 들고 방으로 올라가려고 하는데, 갑자기 누군가의 다급한 외침 소리가 들렸다.

"너 왜 그래? 어디 불편해?"

파마머리의 부인이 창백한 얼굴로 힘없이 가슴을 쓸어내리면서 친구에게 몸을 기댔다.

"속이 너무 메스껍고 배가 아파. 네가 체크인하는 동안 화장실에 여러 번 갔다 오긴 했는데, 이제는 손발이 마비되는 것 같고 온몸이 불편해."

그러자 부인의 친구는 급히 데스크 직원에게 구급차를 불러 달라고 부탁했다. 데스크 직원은 환자의 상태를 보고는 즉시 상황을 파악하고 전화를 걸었다. 아빠는 특별히 도울 일이 없을 것 같아서 일단 가족을 데리고 엘리베이터를 타고 방에 올라가서 짐을 풀었다.

명설 가족이 다시 아래층 로비로 내려왔을 때, 구급차는 이미 도착해 있었다. 파마머리 부인의 혈압을 재어보던 구급대원들은 깜짝 놀랐다. 정상적인 사람은 보통 100/60mmHg(밀리미터수은) 아래로 떨어지지 않는데, 부인의 혈압은 뜻밖에도 60/37mmHg밖에 되지 않았다. 맥박을 측정하지 못해 혈압계에 에러 메시지가 뜨자, 구급대원은 서둘러 청진기를 부인의 심장 부위에 대고 진찰을 해보더니 역시나 고개를 내저었다. 상태가 매우 심각한 모양이었다. 결국 그들은 부인을 즉시 구급차에 태웠다. 부인의 친구도 구급차에 함께 올랐다.

명설 가족은 부인이 무사하기를 옆에서 묵묵히 기원하는 수밖에 없었다. 그 후 명설 가족은 호텔을 나와 건너편에 있는 렌터카 회사로 가서 차를 한 대 빌렸다. 그리고 오키나와 여행의 첫 번째 장소인 국제거리로 향했다. 왜냐하면 그들은 아직 점심을 먹지 않았기 때문이었다.

비록 한 번도 와 본 적 없는 나하였지만, 국제거리 입구에 세워져 있는 오키나와의 상징으로 유명한 두 개의 돌사자를 보자마자 명설 가족은 반가워서 차 안에서 일제히 소리를 질렀다.

"드디어 도착했다!"

아빠는 차가 덜 붐비는 옆길로 들어가서 주차 공간을 찾아 주차했다. 다들 배가 너무 고팠기 때문에 길목에 보이는 첫 번째 식당으로 들어갔다.

그곳은 매우 전통적인 특색이 있는 작은 식당이었다. 바닥에 작은 조약돌이 깔려 있었고, 앉는 자리는 다다미였으며, 화장실 문은 짚으로 꾸며져 있었다. 한마디로 분위기가 너무나 독특해서 명안은 사진을 찍어서 커뮤니티 사이트에 즉시 올렸다.

메뉴판에 적혀 있는 요리는 대부분 면류였는데 대만과 큰 차이가 없었다.

음식이 나오기를 기다리는 동안, 명설 가족은 조금 전 위급한 상태였던 부인에 대해 이야기를 나누었다. 아빠가 먼저 말문을 열었다.

"아까 데스크에서 우연히 두 사람의 여권을 봤는데 몸이 아픈 부인의 성은 주 씨고, 부인의 친구는 추 씨였어."

엄마가 말했다.

"맥박수가 측정이 안 되던데 너무 빨라서인지 아니면 너무 느려서인지 모르겠네요. 정말 걱정돼요."

명설이 물었다.

"혈압도 심장 박동도 정상이 아닌데, 혹시 심장병이 아닐까요?"

아빠가 어깨를 으쓱했다.

"우리가 의학을 전공한 것도 아닌데 함부로 추측해 봤자 소용없어. 오키나와 의사들이 부인을 잘 치료해 주겠지."

점심을 다 먹고 나니 이미 3시가 넘었다. 국제거리 양쪽의 상점들을 둘러보고 나자, 날이 금세 저물었다.

호텔로 돌아왔을 때, 데스크 직원은 영어를 할 줄 아는 여직원으로 교체되어 있었다. 여직원은 명설 가족을 보자 1층 식당을 가리키며 말했다.

"경찰이 여러분들을 기다리고 있습니다."

명설 가족은 영문을 몰라 서로 쳐다보았다.

"오키나와에 도착한 지 반나절밖에 안 됐는데 무슨 일로 일본 경찰이 우리를 찾지? 우리가 교통 법규라도 위반했나?"

일단 명설 가족은 직원을 따라 식당으로 들어가 보았다. 파란 제복을 입은 두 남자가 추 부인과 이야기를 하고 있었다.

여직원이 명설 가족의 신원을 일본어로 설명하자, 경찰 중 한 사람이 일어나서 중국어로 말을 걸었다.

"여러분과 함께 온 주 부인이 아코니틴 중독이라는 진단을 받았어요. 그래서 우리는 동승객들이 어떤 단서라도 제공해 줬으면 합니다. 그분이 언제 독극물을 먹었는지 반드시 밝혀내야 하거든요."

"중독이요?"

명설 가족은 몹시 놀라며 일제히 추 부인을 바라보았다. 부인이 한숨을 쉬며 말했다.

"저도 정말 이해가 안 가요. 오키나와 의사가 친구의 심전도, 혈액 검사, 소변 검사를 해보더니 서둘러 위세척을 하더군요. 여러분도 우리와 같은 비행기를 타고 왔으니 증언해 줄 수 있죠? 우리는 비행기를 탄 뒤로는 물 한 모금도 마시지 않았잖아요. 그런데 독약을 먹을 시간이 있었겠어요?"

아빠 엄마는 경찰에게 추 부인이 비행기 탑승 이후 아무것도 먹지 않은 것은 사실이라고 말하면서 추 부인의 주장을 확인시켜 주었다. 두 경찰은 고개를 끄덕였다.

"저희도 공항과 셔틀버스, 호텔 로비의 CCTV 영상을 돌려봤는데 확실히 주 부인은 입국한 뒤에 아무것도 먹지 않으셨더군요. 그러니까 독극물 범죄가 일본 내에서 발생한 것은 아닌 거죠. 그래서 우리는 더 이상 이 사건을 수사하지 않고 수집한 자료들을 대만 경찰에 보내 참고하게 할 예정입니다."

경찰은 그렇게 말하고 나서 방금 한 증언에 서명해 달라고 부탁하더니 그 자리를 떠났다. 엄마가 추 부인에게 조심스럽게 물었다.

"주 부인은 위중한가요?"

"심각해요."

추 부인은 매우 걱정스러운 듯 미간을 찌푸렸다.

"의사 말이 아코니틴에 중독된 사람은 사망률이 매우 높고, 설령 목숨을 구하더라도 회복되기까지는 오랜 시간이 걸릴 거라는군요."

명설이 다급하게 끼어들었다.

"실례지만, 이 사실을 남편에게도 알렸나요?"

"그럼요. 그 사람도 몹시 조급해 하면서 저더러 당분간 병원에서 부인을 잘 돌봐달라고 부탁하더군요. 최대한 빨리 이곳으로 올 방법을 찾아보겠다면서요."

점심을 늦게 먹은 탓인지 명설 가족은 저녁 7시가 넘어서야 허기를 느꼈다. 아빠는 명안을 데리고 나가 근처에서 먹을거리를 사오기로 했다. 명설은 방에 남아서 계속 휴대전화만 만지작거렸다. 엄마가 참지 못하고 명설에게 주의를 주었다.

"포켓와이파이 덕분에 인터넷을 마음껏 사용할 수 있다고 해도 계속 휴대전화에만 신경 쓸 거야?"

"게임하고 있는 거 아니에요. 사건을 해결하는 중이라고요."

"무슨 사건을 해결한다는 거야?"

명설이 막 설명하려는데, 아빠와 명안이 이러저런 음식을 사들고 돌아왔다. 포장을 열어보니 양고기와 여주, 그리고 바다포도 등이 들어 있었다.

저녁을 먹으면서 명안이 물었다.

"아빠, 아코니틴의 독성이 그렇게나 강해요? 주 부인은 어쩌다가 그런 무서운 독약을 먹었을까요?"

"아코니틴이란 독성분은 오두에 들어 있어. 오두는 미나리아재비과의 오두속 식물을 총칭하지. 오두의 뿌리는 한약재로 쓰이고 천오 또는 초오라고도 불러."

엄마는 놀라서 혀를 내둘렀다.

"그렇게 무서운 독약을 약으로 먹는 사람이 있어요?"

"원래 약과 독은 한 끗 차이야. 용량을 초과하지 않으면 약이 되고, 용량을 초과하면 독이 되지. 오두 뿌리는 한약에서 통증을 가라앉히고 혈당을 떨어뜨리고 염증을 없애고 신경을 치료하는 데 효과가 있어."

명설은 의미심장한 웃음을 지으며 말했다.

"그러니까 한의사가 오두를 구하는 건 식은 죽 먹기보다 쉽다

아코니틴이란
독성분은
오두에 들어 있어.
오두는
미나리아재비과의
오두의 뿌리는　오두속 식물을
한약재로 쓰이며,　총칭하지.
천오 또는
초오라고도
불러.

오두 뿌리는 한약에서
통증을 가라앉히고,
혈당을 떨어뜨리고,
염증을 없애고,
신경을 치료하는 데
효과가 있어.

원래
약과 독은
한 끗 차이야.
용량을
초과하면　초과하지 않으면
독이 되지.　약이 되고

그렇게
무서운 독약을
약으로
먹는 사람이
있어요?

그러니까
한의사가
오두를 구하는 건
식은 죽 먹기보다
쉽다는
말인가요?

는 말인가요?"

"물론이지…."

아빠가 고개를 끄덕이다가 곧바로 명설의 말속에 담긴 의미
를 알아차렸다.

"혹시 네 말뜻은…."

"제가 아까 휴대전화로 지안 감식관님한테 아코니틴의 작용
원리에 대해 가르쳐달라고 했거든요. 감식관님 말씀이 아코니
틴은 심장 근육, 신경, 근육 등 조직세포의 나트륨 통로(세포막에
존재하면서 활동전위를 발생시키는 이온 통로—옮긴이)에 영향을 미친다고 하
셨어요. 그래서 거기 중독된 사람은 부정맥이나 팔다리 저림,
혈압 저하, 강한 장 수축을 일으킬 수 있고, 환자는 심장, 신경,
위장 쪽 증상이 동시에 나타난다고 해요.

방금 오두가 한약의 일종이라는 말을 듣자마자 저는 갑자기
주 부인의 남편이 의사라는 사실이 떠올랐어요. 그래서 이웅 아
저씨에게 주 부인의 남편이 어떤 의사인지 조사해 달라고 부탁
해 뒀어요."

그때 마침 명설의 휴대전화가 울렸다. 명설은 휴대전화를 들
여다보더니 말했다.

"이웅 아저씨가 보낸 문자예요. 주 부인의 남편은 정말 한의
사였네요!"

명설의 말을 들은 아빠가 못마땅한 표정으로 명설을 향해 단호한 표정을 지어보였다.

"한의사가 잘못도 아니잖아. 단지 한의사라는 이유로 그 사람이 아내에게 독을 먹였다고 모함할 수는 없어!"

명설이 차분하게 자신의 의견을 이야기했다.

"주 부인은 비행기에 탄 뒤로 아무것도 먹지 않았어요. 아주머니가 마지막으로 마신 건 공항에서 남편이 건네준 약이라는 걸 우리 모두 봤잖아요. 만약 그걸 마신 게 확실히 문제가 된다면, 그게 오두를 달인 약일 수도 있어요.

주 부인의 남편은 정말 교활해요. 한의사니까 너무나 잘 알고 있었을 거예요. 그걸 마시고 얼마 정도 지나야 주 부인이 그 독 때문에 위험해지는지 말이에요. 그렇게 되면 수백 킬로미터 떨어져 있는 곳에 범인이 있으리라고는 아무도 생각하지 못할 테니까요."

엄마는 고개를 내저으며 대수롭지 않게 말했다.

"증거도 없는데 함부로 단정 지을 수는 없어. 그분들이 공항에서 얼마나 다정했었니. 그 남편은 범인이 아닌 것 같아."

그때 명안의 휴대전화가 울렸다. 사립 탐정 위백이 메신저로 건 전화였다. 위백은 명설 가족이 모두 아는 사람이었기에 명안은 스피커 버튼을 누르고 통화했다. 위백이 말했다.

"명안, 커뮤니티 사이트에 올린 사진 봤어. 너희 가족 지금 오키나와에 있어?"

엄마는 명안을 한번 노려보았다. 엄마는 가족사진을 커뮤니티 사이트에 올리는 것을 별로 좋아하지 않았다. 자신들의 행방이 사람들에게 시시콜콜 알려진다고 생각했기 때문이다. 하지만 명안은 대수롭지 않게 여겼고, 오히려 신이 나서 대답했다.

"네!"

"내가 세계 각지의 엽서를 모으는 걸 좋아하거든. 번거롭겠지만 거기서 엽서 한 장만 사서 보내줘."

"문제없어요. 우리 내일 아쿠아리움에 갈 건데, 거기서 바다 경치가 그려진 엽서를 사서 형한테 보낼게요."

용건이 끝난 명안이 전화를 끊으려고 했다.

"잠깐! 나 위백 오빠에게 할 말이 있어."

명설이 명안을 제지하더니 명안의 휴대전화를 낚아채고는 밖으로 나가서 통화를 했다.

2분 뒤, 명설이 방 안으로 들어와 명안에게 휴대전화를 돌려주었다.

"뭔데 그렇게 은밀히 통화해?"

엄마가 물었다.

"미안하지만 아직은 말할 수 없어요. 수사는 비공개가 원칙이잖아요."

명설은 일부러 더 비밀스럽게 말했다. 가족들은 명설이 여전히 한의사 남편을 의심하면서 끝까지 추적하려 한다는 것을 눈치 채고는, 그녀의 고집에 고개를 내저으며 웃어넘길 수밖에 없었다.

3박 4일의 여정은 빠르게 지나갔다. 여행 마지막 날 명설 가족은 체크아웃을 하면서 추 부인을 다시 만났다. 그들은 주 부인이 고비를 넘겼다는 소식을 듣고는 조금 안심이 되었다. 추 부인이 흐뭇해 하며 말했다.

"친구 남편이 오늘 저녁에 오키나와로 와서 아내를 돌볼 거예요. 저는 대만으로 돌아가서 출근해야 하거든요."

추 부인은 그동안 낮에는 병원에서 주 부인을 돌보다가 이따금 호텔로 돌아와 잠도 자고 씻느라 매우 힘들었다고 말했다.

그날 저녁 명설 가족은 대만으로 돌아갔다. 아빠가 포켓와이파이를 카운터에 돌려주러 갔을 때, 남매는 다시 한쪽에 서서 주변을 두리번거렸다. 그때 명안의 예리한 눈빛이 여행객들 사이에서 낯익은 얼굴을 발견했다.

"저 사람 그 한의사 아냐?"

그는 여전히 갈색 양복에 나비넥타이를 맨 화려한 차림이었지만, 지난번과는 다르게 커다란 캐리어를 끌고 있었다. 엄마가 말했다.

"정말로 오키나와에 있는 부인을 보살피러 가는구나. 난 저 사람이 살인범이 아닐 거라고 줄곧 생각했어. 명설아, 네가 괜한 사람을 오해한 거야."

명설은 아무 대답도 하지 않았다. 그러다가 어떤 두 사람이 한의사의 길을 가로막는 것을 보았다. 놀랍게도 그들은 형사반장 이웅과 린 경관이었다. 두 사람은 한의사와 몇 마디 나누더니 곧바로 그를 어디론가 데려갔다.

"무슨 일이죠? 왜 이웅 반장님이 저 사람을 데려가죠?"

엄마는 당혹스러워하며 아빠에게 물었다. 아빠도 이유를 알 수 없어 고개를 내저었다. 게다가 거리가 멀어서 이웅과는 인사도 나누지도 못했다.

"명설이 자신의 의견을 이웅에게 전부 다 말했거든요. 이웅은 곧바로 한의사 집으로 가서 마당에 심어진 상당량의 오두를 발견했어요."

엄마의 질문에 대답한 사람은 다름 아닌 위백이었다. 그도 이제 막 공항에 도착하던 참이었다. 아빠가 여전히 못마땅한 말투로 투덜댔다.

"한의사가 약재로 쓸 오두를 자기 집 마당에 심은 게 무슨 잘못이야?"

"아저씨, 제 말을 끝까지 들어보세요. 오두를 심는 것은 물론 아무 잘못이 없어요. 그래서 반장님은 당시에 별다른 행동을 취하지 않았죠. 그런데 명설이 아까 저와 통화하면서 보험금을 조사해 달라고 부탁하더군요. 제가 원래 수많은 보험사로부터 부탁을 받고 전문적으로 보험금 사취를 조사하니까요. 그래서 저 한의사의 보험 내역들을 모두 살펴봤는데, 정말 굉장하더군요. 그가 가입해 둔 보험금 액수가 적지 않았어요. 부인의 이번 일본 여행에도 20억짜리 손해보험을 들었지 뭐예요."

그러자 엄마가 여전히 반발하며 말했다.

"그건 별로 대단한 것도 아니에요. 우리도 모두 12억짜리 보험을 들었는걸요. 한의사는 수입이 많잖아요. 그러니 좀 더 비싼 보험에 가입하는 건 이상한 일도 아니라고요."

"맞아요! 그런데 제가 조사한 바로는 원래 저 한의사가 부인 이름으로 생명보험을 가입해 뒀는데, 이번에 제대로 치료를 받지 못해 부인이 목숨을 잃었다면 보험회사에서 수억 원의 보험금을 배상해야 하더군요. 게다가 주 부인은 저 한의사의 세 번째 부인입니다. 그의 전 부인들은 둘 다 심장병으로 사망했어요. 그는 그 일로 모두 거액의 보험금을 탔고요. 너무 공교롭지 않나요? 그래서 저는 즉시 반장님에게 저 사람을 체포하라고 했습니다."

위백의 말에 엄마 아빠는 놀라지 않을 수 없었다. 명설이 덧붙여서 말했다.

"아코니틴 중독은 부정맥을 유발할 수 있어서 심장병과 혼동하기 쉬워요. 그러니까 그는 보험금을 타려고 전 부인을 둘이나 죽인 거죠."

"하지만 지금 저 사람은 부인을 돌보려고 오키나와에 가고 있잖아요!"

엄마가 믿을 수 없다는 듯 반박하자, 위백이 웃으면서 말했다.

"저 사람이 부인을 돌보려고 오키나와에 간다고 생각하세요? 아니에요. 우리가 조사한 바로는 저 사람 마카오행 비행기 표를 샀어요. 자신에 대한 전면적인 수사가 벌어질 것을 눈치 채고는 도망치려던 중이에요."

그제서야 엄마가 인상을 찌푸리며 안타까워했다.

"주 부인이 너무 불쌍해요. 남편이 저렇게 체포되었으니 누가 그녀를 돌보겠어요?"

"바로 저요!"

위백이 쥐고 있던 여권을 들어 올리며 말했다.

"주 부인은 해외재난구조보험도 들었어요. 그 때문에 제가 지금 오키나와로 날아가서 부인을 무사히 대만으로 모시고 와서 안정을 취하게 할 예정입니다."

위백이 떠난 후에 명안은 누나에게 엄지손가락을 치켜세우며 말했다.

"누나, 정말 끝내줬어! 이제는 해외여행을 하면서도 사건 해결에 도움을 주는구나!"

사건 너머의 과학

아코니틴은 오두속 식물에서 만들어지는 독성 알칼로이드(식물에서 유래하는 천연 화학물질을 의미하며 식물염기라고도 함— 옮긴이)로 악명 높은 독소다. 한약에서는 진통제로 쓰이지만 매우 위험해서 과량 복용하면 중독되거나 심지어 사망할 수도 있다. 독성은 다음 세 가지 방면에서 나타난다.

신경: 얼굴 및 사지 마비
심장: 저혈압, 두근거림 또는 부정맥과 가슴 통증
위장: 메스꺼움, 구토 및 복부 통증

치료 방법은 대부분 부정맥을 조절하거나 위를 세척하는 방식으로 독소를 씻어내고, 환자가 스스로 건강을 회복할 때까지 가만히 기다린다.

소리를 분석하면
범인이 보인다

오늘은 청명절(중국의 24절기 중 하나로, 조상의 묘를 찾아가 돌보고 봄을 맞이하는 중요한 명절—옮긴이) 연휴 전 마지막 등교일, 학생들은 조금 들떠 있었다.

오늘의 마지막 수업은 역사 과목으로, 역사 선생님이 한창 영국 내전에 관해 설명하고 있었다.

"17세기에 영국 국왕인 찰스 1세는 의회와 정쟁을 벌여 두 차례나 내전을 일으켰어. 찰스 1세가 두 차례 내전에서 모두 패하자, 의회파 지도자인 크롬웰은 국왕을 처형하기로 했지. 1649년 1월 30일, 찰스 1세는 '반역자'라는 죄명으로 공개 참수를 당했어. 그 일은 영국의 왕권을 철저히 와해시켰고, 나중에 민주 발

전에도 헤아리기 어려울 만큼 깊은 영향을 끼쳤지."

"와! 국왕을 처형했다고요?"

학생들 모두 놀라움을 금치 못했다. 21세기 영국 왕실은 설령 실권은 없다 하더라도 여전히 왕실 사람들의 지위와 존영은 존중받고 있다. 그런데 300여 년 전에 국왕을 처형한 사람이 있을 줄이야. 당시로서는 더욱 충격적이었을 것이다.

선생님은 학생들이 매우 흥미로워 하면서 각자의 의견을 이야기하는 모습을 보고는 처형 과정에 대한 설명을 이어나갔다.

"정말 그랬어. 당시 재판위원회는 런던에서 가장 경험이 많은 사형집행인 브랜든을 찾아가서 집행을 부탁했어. 그들은 브랜든에게 200파운드의 사례금을 지불할 용의가 있었지. 하지만 그는 거절했어. 아니, 거절했다고 알려졌지."

"왜요? 보복이 두려워서요?"

기영이 물었지만 선생님은 대답하지 않고 이야기를 계속했다.

"찰스 1세의 사형은 화이트홀 연회장 밖 사형대에서 집행되었어. 이날 사형집행인과 조수는 가발과 가짜 수염, 그리고 얼굴 마스크를 썼지. 엄청난 군중들이 그 장면을 보려고 현장으로 몰려왔기 때문에 많은 병사가 국왕과 구경꾼들을 분리시켜야만 했어.

국왕은 사형되기 직전에 자신은 반역한 것이 아니라 모함을 받은 것이라고 끝까지 소리 높여 주장했어. 그러나 군중들이 사형대에서 멀리 떨어져 있었기 때문에, 그의 말은 오직 사형대 위에 있던 사람들만 들을 수 있었지. 그 후 왕이 사형대에 목을 내밀고 직접 손을 들어 신호를 보내자, 사형집행인은 즉시 그의 머리를 잘라 단번에 죽게 해주었어.

관례에 따르면 사형집행인은 사형을 집행한 후에 베어낸 목을 들어 마땅히 군중에게 보여줘야 해. 그리고 그들을 향해 이렇게 말하지. '보아라! 이것이 바로 반역자의 머리다.' 하지만 그날 사형집행인은 머리는 들어보였지만 말은 한마디도 하지 않았어."

명설은 사형수가 왜 말을 하지 않았는지 알 것 같았다.

"누군가가 자신의 목소리를 알아들을까 봐 두려워서였겠죠."

"그럼 사후에 사형집행인에게 책임을 추궁하는 자가 있었나요?"

역시 예위는 역사보다 가십거리에 흥미가 더 있는 것 같았다. 예위의 질문에 선생님이 웃으면서 말했다.

"당연히 있었지! 11년 뒤인 1660년에 찰스 1세의 아들 찰스 2세가 복위했는데, 크롬웰은 이미 죽었기 때문에 그는 위원회를 구성해서 사형집행인이 누구인지 조사했어. 브랜든은 당연히 제일 의심 가는 용의자였어. 하지만 그도 이미 죽고 없었고,

게다가 죽을 때까지 자신이 국왕을 처형한 사형집행인이라는 사실을 인정하지 않았어.

위원회는 휴렛 등을 포함한 의회파 군인 몇 명을 조사했어. 당시 현장에 있었던 목격자 기텐스가 복면을 쓴 사형집행인이 왕에게 '날 용서하시오'라고 말하는 것을 들었는데, 그것이 휴렛의 목소리라는 것을 알아차렸기 때문이지. 비록 휴렛은 끝까지 부인했지만 사형 선고를 받았어. 하지만 결국엔 집행되지 않고 풀려났지."

"그럼 사형집행인은 도대체 누구예요?"

학생들은 마치 탐정 이야기라도 듣고 있는 것처럼 왕을 죽인 범인이 누구인지 궁금해 했다.

"모르지! 프랑스 쪽에서는 크롬웰이 직접 형을 집행했다고 전해지고 있어. 하지만 1813년에 윈저성에서 찰스 1세의 관을 열고 시체를 검사했는데, 형을 집행한 것은 매우 경험이 많은 사형집행인이 분명하다는 사실이 증명되었어."

수업이 끝난 뒤에도 학생들은 여전히 의견이 분분했다.

"휴렛은 정말 억울했겠다. 사람을 죽인 것도 아닌데 사형까지 선고받았잖아. 그 목격자가 고의로 죄를 뒤집어씌운 걸까? 아니면 잘못 들은 걸까?"

명설은 당시에는 과학적인 증거도 없고 증거라 할 수 없는 말뿐이어서 누군가를 모함하는 일이 무척 쉬웠을 거라고 생각했다. 300여 년이 지난 지금은 소리를 판독하는 과학적인 방법이 있지 않을까? 명설은 방과 후에 지안 감식관을 찾아가 물어보기로 했다.

수업이 끝나고 명설은 엄마에게 전화를 걸어서 조금 늦게 귀가하겠다고 말한 후 경찰서로 걸어갔다. 명설이 감식과에 들어갔을 때, 지안은 컴퓨터 화면으로 매우 복잡하게 생긴 두 가지 패턴을 대조해서 보고 있었다. 그녀는 명설을 보고는 깜짝 놀랐다.

"어떻게 여기 올 시간이 있었어?"

"내일부터 나흘 동안 연휴잖아요. 얼른 집에 가서 숙제할 필요가 없어요. 특별히 감식관님에게 물어볼 것도 있고요."

명설은 오늘 역사 수업 시간에 선생님이 들려줬던 내용을 지안에게 간략히 말해주었다.

"옛날에는 녹음기도 없고 증거가 되지 않는 말뿐이었으니까 확실히 죄를 뒤집어씌우긴 쉬웠지."

지안은 컴퓨터 화면에 보이는 패턴을 가리키며 말했다.

"이제는 녹음기와 컴퓨터만 있으면 모든 것이 증거가 될 수 있어. 이것 봐. 안 그래도 지금 파형(물결처럼 기복이 있는 음파나 전파 따위의 모양—옮긴이)을 비교 대조해 보고 있었어!"

"오! 이건 무슨 사건이에요?"

"어제 우리 경찰서로 익명의 전화가 걸려왔는데, 자신이 관할 구역 내 기차역에 폭탄을 설치했고, 한 시간 후에 폭발한다는 거야. 물론 그럴 가능성은 희박해 보였지만, 경찰은 그냥 넘기지 않고 곧바로 인력을 보내서 기차역을 봉쇄하고 정밀 수색을 벌였지. 하지만 폭발물은 발견되지 않았어.

수색 과정 중에 이웅 반장이 통제선 밖에서 자신들을 지켜보며 간간이 야릇한 웃음을 짓던 한 남자를 발견하고는 곧바로 검문에 들어갔거든. 그런데 그 남자의 목소리가 제보자의 목소리와 몹시 흡사하다는 것을 알아차리고는 곧바로 그 남자를 경찰서로 데려왔지.

신원 조사 결과, 그는 조 씨 성을 가진 사람이었어. 조 씨는 자신은 그런 전화를 걸지 않았다고 끝까지 주장했단다. 그러자 반장은 조 씨에게 글을 한 줄 읽게 해서 그의 목소리를 녹음한 뒤 돌려보냈어. 그래서 지금 그 익명의 제보자와 조 씨의 성문을 대조하는 중이야."

"성문?"

명설은 그런 말을 처음 들어보았다.

"아! 성문이란 주파 분석 장치를 통해 목소리를 줄무늬 모양의 그림으로 변환한 그래프를 말해. 소리는 들리지만 보이지는 않잖아. 그래서 컴퓨터로 목소리를 그래프로 변환해서 눈에 보이게 만들어 비교하는 거야. 사람 목소리는 저마다 고유한 특성이 있어서 '지문'처럼 신원을 파악할 수 있기 때문에 '성문'이라고 부른단다."

명설은 모니터에 나와 있는 높낮이가 다르고 색깔이 다양한 도형들을 한참 동안 들여다보았으나 도저히 알아볼 길이 없어서 지안에게 물어보았다.

"그러면 분석 결과는 어떻게 나왔어요?"

"일치해. 둘은 동일한 사람의 목소리야. 조 씨는 이제 발뺌할 수 없을 거야."

지안이 자신만만하게 말했다.

그때 이웅이 사무실로 황급히 들어왔다. 장갑을 낀 그의 손에는 봉투 하나가 들려 있었다.

"한 회사에서 방금 이 봉투를 받았는데, 봉투 안에 회사 사장이 납치되었다고 알려주는 USB가 들어 있었어. 납치범은 3일 이내에 몸값을 마련하지 않으면 인질을 죽이겠다고 협박했어. 현재로서는 누가 납치범인지, 또 인질이 어디에 감금되어 있는지 전혀 알 수 없어. 그래서 어디서부터 조사해야 할지 모르겠어. 이걸 좀 분석해 줘. 무슨 단서라도 있는지 말이야."

지안은 급히 장갑을 끼고 봉투에서 USB를 꺼내 컴퓨터에 넣고 재생했다. 영상에는 한 남자가 의자에 앉아 있는 모습이 나왔다. 의자 뒤에는 새하얀 벽이 있고, 벽에는 시계가 걸려 있었다.

남자는 대략 마흔 살쯤으로 보였는데, 눈가에 멍이 든 것을 보니 구타를 당한 모양이었다. 그는 셔츠를 입고 있었으며 넥타이는 삐딱하게 돌아가 있었다. 그가 양손으로 펼쳐서 들고 있는 신문에는 어제 대만의 코로나19 신규 확진자 수가 적힌 1면 머리기사가 실려 있었다.

이웅이 화면 속 남자를 가리키며 말했다.

"저 사람이 바로 회사 사장 가영우 씨야. 그는 어제 외출한 뒤 집에 돌아오지 않았는데, 오늘 오후 회사 우편함으로 이 봉투가 배달되었어. 납치범이 가영우 씨에게 오늘 자 신문을 들고 있게 한 이유는 그가 오늘 아침까지 살아 있고 자신들의 손에 있다는 것을 증명하기 위해서지."

영상 속에서 카메라 앞에 선 가영우는 고통스러운 표정으로 이렇게 말했다.

"나 사장인데, 빨리 회사 계좌에서 20억 원을 인출해서 이 사람들에게 넘겨. 그래야 날 풀어줄 거야."

이어서 검은색 마스크를 쓴 사람이 카메라 앞으로 들어와 화면을 똑바로 바라보며 말했다.

"보다시피 사장은 지금 내 손 안에 있다."

납치범은 벽에 걸린 시계를 가리키더니 말을 이었다.

"너희에게 돈을 마련할 72시간을 주겠다. 3일 후, 그러니까 토요일 정오가 되면 돈을 전달할 방법을 다시 알려주지. 경찰에 신고하지 마. 안 그러면 너희 사장은 영원히 돌아갈 수 없을 것이다."

벽에 걸린 시계는 11시 55분을 가리키고 있었다. 두 사람이 말하는 도중에 주변에서 약간의 소음이 들렸다. 납치범이 보내온 영상은 1분이 넘지 않았다.

지안은 그 영상을 자신의 컴퓨터에 복사한 후, USB를 뽑아 봉투와 함께 감식과의 다른 동료에게 건네주었다.

"이 봉투와 USB에 범인의 지문이 있는지 분석해 줘."

이웅은 지안을 보며 다급히 물었다.

"무슨 단서라도 보여?"

"범인의 목소리는 남자로 들리고, 억양을 들으니 남부 지역 사람 같아요."

이웅은 인상을 썼다.

"그래, 그건 나도 동의해."

지안은 어깨를 으쓱하며 말했다.

"그게 다예요. 현재로서는 그것밖에 들을 수 없습니다."

이웅이 실망한 듯한 표정으로 한숨을 내쉬었다.

"남부 지역 남자라는 건 범위가 너무 넓어! 마치 바다에서 바늘 찾는 격으로 아무런 실마리가 없잖아. 혹시 범인의 성문을 분석할 순 없어?"

"범인의 목소리는 당연히 분석할 거예요. 하지만 성문은 지문과 달리 미리 수집해 놓은 데이터가 없어서 분석하더라도 비교할 대상이 없어요! 그거야말로 바다에서 바늘을 찾는 격이죠!"

지안이 말을 이었다.

"반장님이 회사 직원들과 거래처를 먼저 조사해 보면 좋겠어요. 그들의 목소리를 녹음해서 비교 대조할 수 있게 가져와도 좋고요."

이웅은 잠시 생각하더니 지안의 말이 일리 있다고 여기고 경찰들을 이끌고 수사를 하러 나갔다.

명설은 시간이 늦어서 곧바로 지안에게 작별을 고하고 집으로 돌아가서 저녁을 먹었다. 그러는 동안 명설은 속으로 여전히 그 사건에 대해 생각하면서 사건 해결 방법을 고민했다. 하지만 도저히 갈피를 잡을 수 없었다.

긴 연휴가 시작되었다. 금요일 오전에 날씨가 개자, 명설 가족은 야외로 나들이를 가기로 했다.

"우리 위안산에 있는 엑스포 공원에 가자. 거기 식당 구역이 반쯤 개방된 공간이라 환기가 잘 돼. 식사 후에는 공원 단지를 산책하면서 꽃도 구경하는 거야. 단지가 아주 넓고 사람들과도

거리를 유지할 수 있어서 서로 감염될 우려가 없어."

엄마는 나들이의 즐거움과 전염병 예방의 필요성을 둘 다 고려한 결정을 내렸다.

그날 명설 가족은 무척 즐거운 오후를 보냈다. 엑스포 공원에서부터 어린이들에게 낙원이었던 놀이동산도 둘러보았다. 그러는 동안 비행기가 두세 차례 큰 소음을 내며 머리 위로 지나갔다. 그 장면을 본 명설은 도무지 이해가 되지 않았다.

"위안산에는 공항이 없잖아요! 근데 왜 저렇게 낮게 나는 비행기가 있죠?"

아빠가 웃으면서 말했다.

"쑹산 공항이 위안산에서 동쪽으로 약 4킬로미터 떨어진 곳에 있잖아. 그곳에 착륙하려면 여기서 고도를 낮춰야 해. 어렸을 때 아빠랑 할아버지가 위안산에 큰아버지를 뵈러 간 적이 있는데, 거기서 귀청이 찢어질 만큼 큰 비행기 소리를 듣고 엄청나게 놀랐었지."

하늘이 도운 건지, 오후 3시가 넘어 그들이 공원을 다 둘러보고 집으로 돌아가려고 할 때 비가 뚝뚝 떨어지기 시작했다.

토요일 오전, 납치범이 정해놓은 기한이 거의 다 되어가는 것을 보고 명설은 지금 틀림없이 경찰들이 바쁠 테니 무턱대고 방해하면 안 되겠다고 생각했다. 그래서 명설은 경찰서 밖에서 지안에게 전화를 걸어 사무실에 들어가도 괜찮은지 물었다.

"봉투와 USB에서는 회사 직원의 지문만 찾았을 뿐, 아직 다른 단서를 찾지 못했어. 이웅 반장의 수사를 통해서 사건 실마리가 조금 잡히긴 했지만, 여전히 용의자 범위를 좁히지는 못했어. 일단 사무실로 들어오렴. 네 의견을 들어보는 것도 좋겠다."

명설이 사무실에 들어가 보니, 전담반의 모든 직원이 마스크를 쓰고 사건에 대해 논의하고 있었다. 이웅이 명설에게 지금까지의 사건 경위를 설명해 주었다.

"회사 직원들이 거래하는 제조업체들을 방문해서 조사해 봤는데, 확실히 퇴직한 직원 중에 사장과 마찰이 있었던 사람도 있고 회사와 금전 문제가 있는 몇몇 제조업체도 있었어. 그래서 추적을 했는데, 이미 혐의가 풀린 사람도 있고 아직 추적이 안 되는 사람도 있더구나. 용의자는 아마도 그들 중 한 명일 거야. 하지만 여전히 그들이 어디에 숨어 있는지, 또 사장은 어디에 붙잡혀 있는지는 오리무중이야.

정해진 시간이 다 되어가는데 어떻게 해야 할지 몰라서 일단 몸값을 준비해 두라고 회사에 말해뒀어. 범인이 돈을 인출할 때 작전을 잘 세워서 체포하는 수밖에 없을 것 같아."

명설이 진지한 표정으로 지안에게 부탁했다.

"감식관님, 범인이 보낸 영상을 한번 더 볼 수 있을까요?"

지안은 고개를 끄덕이며 컴퓨터 속 파일을 찾아서 재생할 준비를 했다.

"잠깐만요."

명설은 영상을 보기 전에 이어폰을 꺼내 컴퓨터 이어폰 구멍에 꽂은 후에 영상을 보았다. 이어폰으로 들으니 영상 속 주변 소음이 확실히 더 잘 들렸다. 그 영상을 몇 번이고 반복해서 보던 명설은 마침내 미소를 지으면서 이어폰을 뺐다.

"잘 들었어요. 영상에서 들리는 주변 소음은 비행기 소리 같아요. 4월 1일 오전 11시 55분에 이착륙하는 비행기가 어느 방향에서 공항을 떠나거나 접근하는지 정확히 조사해 보면 인질이 어느 구역에 있는지 알 수 있어요."

명설은 계속해서 말했다.

"그 외에도 학교 종소리가 들려요. 어떤 학교인지 모르지만, 휴일인데도 종소리를 끄지 않았네요. 그래서 평소처럼 수업 시간에 맞춰 종이 울리고 있어요. 그러니까 인질이 붙잡혀 있는 장소는 공항 인근의 학교 근처로 추릴 수 있어요."

이웅은 즉각 부하들에게 그날 공항의 비행기 이착륙 시간을 알아보라고 지시했다. 하지만 지안은 궁금한 점이 많았다.

"그런데 왜 오전 수업이 11시 55분에 끝나지? 보통은 정오 12시 정각에 오전 수업을 끝내고 점심을 먹지 않나? 그래서 난 영상 속의 벽시계 시간이 정확하지 않은 게 아마도 범인이 의도적으로 우리에게 혼동을 주려는 것일 수 있다고 생각했어."

"감식관님, 요즘은 수업을 예전에 감식관님이 공부할 때처럼 50분씩 하지 않아요. 요즘 중학교 수업 시간은 45분이고요, 초등학교는 40분이에요. 그래서 오전 수업이 11시 55분에 끝나고 오후 3시 55분에 하교하는 학교가 흔하죠. 범인은 사장이 그 시간까지도 아직 살아 있다는 것을 보여주려고 그에게 신문을 들고 있게 했잖아요. 그러니까 제 생각에는 시계에도 손을 대지 않았을 거예요. 어쨌든 그게 우리에게 유일한 단서니까 일단 알아볼 가치는 있어요."

그때 이웅의 부하인 린 경관이 단서를 찾아냈다.

"반장님, 4월 1일 당일 오전 11시 55분에 확실히 국내선 비행기가 착륙했어요. 공항 접근 경로에 있는 각 학교의 수업 시간을 조사해 봤는데, 과연 11시 55분에 오전 수업이 끝나는 학교가 한 군데 있었습니다."

이웅은 흥분해서 자리에서 벌떡 일어섰다.

"출동하자! 그 학교 근처를 수색해야겠어."

한 무리의 경찰들이 부랴부랴 임무를 수행하러 나갔다.

얼마 지나지 않아 이웅이 좋은 소식을 전해왔다.

"우리가 부근에 도착했을 때, 마침 어떤 남자가 공중전화로 걸어가는 것을 봤어. 요즘은 공중전화를 쓰는 사람이 적기 때문에, 그 사람은 주목을 끌 수밖에 없었지. 우리가 즉시 조사를 해보니, 추적하지 못했던 제조업체 중 한 곳의 직원이더군. 그 사람은 당황해서 도망치다가 붙잡혔고, 곧 솔직하게 모든 것을 자백했지. 알고 보니 그는 몸값을 건네받을 방법을 전달하려고 공중전화를 이용하려던 참이었어. 조 사장은 인근 아파트에 갇혀 있었어. 다행히 우리가 안전하게 구출했어."

지안은 매우 기뻐했다.

"데려와서 목소리를 녹음한 뒤 성문을 맞춰보면 마스크를 쓴 범인이 그 사람인지 아닌지 확인할 수 있겠군요. 만약 아니라면 공범이 따로 있다는 뜻이겠죠."

사건 너머의 과학

인간의 발성 시스템은 매우 복잡해서 반드시 여러 기관, 예를 들어 폐, 성대, 성도가 정밀하게 협력해야만 말을 할 수 있다. 각 분야의 연구자들이 각기 다른 관점에서 인간의 발성을 연구한 결과, 성대에서 소리를 내면 성도(발성 기관에서 만들어진 목소리가 몸 밖으로 나오기까지 거쳐가는 공간. 후두강, 인두, 구강, 비강 등을 말함—옮긴이)와 입이 이를 다듬어서 말하는 소리가 된다. 사람마다 성대와 목구멍, 입의 구조가 다르기 때문에 내는 소리마다 특색이 있는데, 이는 감식의 증거가 될 수 있다.

소리를 그래프로 변환하는 기술은 많은 분야에서 응용할 가치가 있다. 예를 들어 언어학에서는 발음 연구에 사용하고, 동물학에서는 동물의 의사소통을 연구하는 데 활용된다.

과학 소녀, 추리를 시작합니다 2. 범죄의 흔적 편

제1판 1쇄 인쇄 I 2026년 1월 5일
제1판 1쇄 발행 I 2026년 1월 14일

지은이 I 천웨이민
감　수 I 이광렬
옮긴이 I 김진아
그린이 I 론론
펴낸이 I 하영춘
펴낸곳 I 한국경제신문 한경BP
출판본부장 I 이선정
편집주간 I 김동욱
책임편집 I 박정현
교정교열 I 최은영
저작권 I 백상아
홍보마케팅 I 김규형·서은실·이여진·박도현
디자인 I 이승욱·권석중

주　소 I 서울특별시 중구 청파로 463
기획편집부 I 02-360-4556, 4584
홍보마케팅부 I 02-360-4595, 4562　FAX I 02-360-4837
H I http://bp.hankyung.com　E I bp@hankyung.com
F I www.facebook.com/hankyungbp
등　록 I 제 2-315(1967. 5. 15)

ISBN 978-89-475-0230-6　44400
　　　978-89-475-0225-2　(세트)